# ZEITSCHRIFT FÜR ANGEWANDTE GEOLOGIE

HERAUSGEGEBEN VOM

ZENTRALEN GEOLOGISCHEN INSTITUT

IM AUFTRAG DES

STAATSSEKRETARIATS FÜR GEOLOGIE


**AUS DEM INHALT**




AKADEMIE-VERLAG · BERLIN

BAND 16 / HEFT 6

JUNI 1970

SEITE 269–324

Die ZEITSCHRIFT FÜR ANGEWANDTE GEOLOGIE berichtet ständig über folgende Arbeitsgebiete: Geologische Grundlagenforschung und Lagerstättenforschung / Methodik der geologischen Erkundung / Ökonomie und Planung der geologischen Erkundung Technik der geologischen Erkundung / Geologie und Lagerstättenkunde im Ausland. In der Zeitschrift können alle strittigen Fragen der praktischen Geologie behandelt werden. Die Autoren übernehmen für ihre Aufsätze die übliche Verantwortung.

ZEITSCHRIFT FÜR ANGEWANDTE GEOLOGIE

Träger der Ehrennadel in Gold der Gesellschaft für Deutsch-Sowjetische Freundschaft

KOLLEKTIVE CHEFREDAKTION

Dr. K. KAUTER (Redaktionssekretär)
Prof. Dr. F. STAMMBERGER
Dr. habil. G. TISCHENDORF

BAND 16 · JUNI 1970 · HEFT 6

# Die Bedeutung von Konglomeraten für das Erkennen der Geschichte des Präkambriums

## Dargestellt am Beispiel der Kolahalbinsel

A. W. SIDORENKO & O. I. LUNEWA, UdSSR

Die lithologischen Untersuchungen der metamorphosierten Schichten des Präkambriums, die den Grundstein für die Untersuchung des Präkambriums vom Standpunkt der exogenen Prozesse legten, die dem Metamorphismus vorangingen (SIDORENKO & LUNEWA 1958, 1961; LUNEWA 1963; SIDORENKO 1963; SIDORENKO 1965), haben gezeigt, daß die präkambrischen Schildkomplexe hauptsächlich aus verschiedenartigen Sedimentgesteinen mit unterschiedlichem Metamorphosierungsgrad gebildet wurden. Im Präkambrium häuften sich — genau wie in den jüngeren Epochen — verschiedene klastische Gesteine an, wie Sandsteine, grobkörnige Sandsteine (Gravelite) und Konglomerate, die später einer Metamorphose unterworfen wurden.

Verf. haben die Konglomerate des Präkambriums auf der Kolahalbinsel en detail untersucht und ihre Verbreitung gezeigt (LUNEWA 1963). Auf anderen Schilden findet man den Literaturangaben nach ebenfalls häufig verschiedene präkambrische Konglomerate. Insbesondere wurden sie in Karelien (TIMTSCHENKO 1950; LEONOWA 1958; LOBANOW 1961, 1962, 1963; NEGRUSA 1963 und 1966 u. a.), auf dem Ukrainischen kristallinen Schild (NIKOLSKI 1953; BELEWZEW, SIROSCHTAN & SKURIDIN 1955; GORODOSCHNIKOW 1956; STRYGIN & KOBSAR 1962; STRYGIN, KOBSAR & KASAKOW 1964), innerhalb der Kursker Magnetanomalie (BORISOW & ISWEKOW 1964) und im Präkambrium der Sibirischen Plattform (SAWELJEW 1958; ELISAREW 1960; BUSIKOW & DRUGOWA 1960; OBRUTSCHEW 1960; KINJAKIN 1962; KIRILLOW 1965; MAS & JEGOROWA 1966; IPATOW & STEPANOWA 1966) festgestellt.

Früher, als in der Erforschung des Präkambriums die petrographischen Methoden der magmatischen Gesteine vorherrschten und als die Vorstellung bestand, daß in dieser Zeit vor allem magmatische und metamorphe Prozesse entwickelt waren, wurden viele metamorphosierte Konglomerate als Agmatite, Tektonite, Blastomylonite, Konkretionsschiefer usw. beschrieben. Leider gibt es auch jetzt noch Arbeiten, in denen die metamorphosierten Konglomerate für Bildungen gehalten werden, die durch Tektonik und Metamorphismus geschaffen wurden. Die Vorstellung, daß die Konglomerate in den alten Epochen wegen der angeblich schwachen tektonischen Zergliederung der Erdrinde nicht weit verbreitet waren, ist völlig falsch.

Obwohl grobklastische Gesteine in den ältesten Sedimentkomplexen sehr verbreitet sind, wurde ihnen bis jetzt nicht die Aufmerksamkeit gewidmet, die sie verdienen, besonders wenn man die Wichtigkeit der geologischen Probleme des Präkambriums berücksichtigt, die man lösen kann, wenn man die präkambrischen Konglomerate untersucht.[1]) Die festgestellte weitverbreitete Entwicklung der präkambrischen Konglomerate gestattet, ihre Bedeutung als geologische Dokumente der ältesten Epochen neu einzuschätzen. Wenn man an die Konglomerate nicht nur als klastogenes Gestein herangeht, sondern auch in komplexer Art und Weise, nämlich als Kombination von Komponenten mit unterschiedlichem Verwitterungsgrad und verschiedenem Grad des Metamorphismus, so kann man sehr interessante Materialien zur Entschlüsselung der Geschichte der geologischen Prozesse, die das Präkambrium der Schilde bildeten, erhalten.

Vor allem muß man die besondere Bedeutung der Untersuchung von präkambrischen Konglomeraten im Vergleich zur Untersuchung ähnlicher Bildungen anderen geologischen Alters unterstreichen. Bei der Untersuchung der Sedimentationsprozesse wird den Konglomeraten der jüngeren, „postpräkambrischen" Komplexe gewöhnlich keine große Rolle zugebilligt, da andere, vorteilhaftere Wege vorhanden sind, um Informationen über die geologischen Prozesse zu erhalten (Aufeinanderfolge der Schichtungen und Lagerungsbedingungen der Schichten; Vorhandensein und Charakter organischer Reste; unveränderte primäre Zusammensetzung, Texturen und Strukturen der Gesteine usw.). Bei den postpräkambrischen Schichtserien, in denen die biostratigraphischen Untersuchungen in der Regel recht sicheres Material für viele geologische Konstruktionen liefern, wird das Hauptaugenmerk auf paläontologisch belegte Ablagerungen gerichtet. Dabei

Aus: „Sowjetskaja Geologija", Nr. 6, 1967, S. 26–47.
Übers.: U. TZSCHORN, Berlin

[1]) Verf. gehen hier nicht auf die Bedeutung von Konglomeratschichtserien als Träger oft äußerst großer Vorkommen verschiedener Bodenschätze ein, da es zu dieser Frage eine ziemlich umfangreiche Übersichtsliteratur gibt (KOTLJAR 1960; BESGUBOW & BYWSCHICH u. a. 1963; PIENAAR 1963 u. a.).

werden die Konglomerate, die man im Profil antrifft, meist nur als Anzeichen für große Unterbrechungen der Sedimentation und für schnell ablaufende tektonische Bewegungen im Denudationsgebiet betrachtet. Seltener wird die petrographische Zusammensetzung ihrer Gerölle zur Bestimmung der Abtragungsgebiete, aus denen das klastische Material stammt, genutzt.

Im Präkambrium, wo die Schichtserien nicht nur stark metamorphosiert sind, sondern einzelne Schichten, die wegen des Fehlens paläontologisch belegter Schichten nur schwer miteinander in Verbindung zu bringen und nur in Form von Fragmenten vorhanden sind und der ursprüngliche Charakter der Ausgangsgesteine durch metamorphe Prozesse verändert wurde, ist die Untersuchung der Konglomerathorizonte besonders interessant für stratigraphische Konstruktionen. Man kann feststellen, daß die Untersuchung der Konglomerate für die Erforschung der Geschichte des Präkambriums keine geringere Bedeutung hat als die Untersuchung der paläontologischen Reste für die jüngeren Schichtserien.

Bei der Untersuchung der präkambrischen Konglomerate kommt dem allgemeinen methodologischen Herangehen an das Präkambrium große Bedeutung zu. Ausgehend von den Vorstellungen, daß im Präkambrium vor allem magmatische Bildungen entwickelt sind, legte man einzelne Aufschlüsse großklastischer metamorphosierter Gesteine meist als tektonische Brekzien, Agmatite, Blastomylonite usw. aus (KASAKOW 1960 u. a.) und betrachtete sie als isolierte, lokale Körper, die untereinander nicht verbunden seien. Wenn man aber annimmt, daß bei der Bildung der präkambrischen Gesteine Sedimentprozesse vorherrschten, die dem Metamorphismus vorangingen, so muß man die Konglomerate als regional verbreitete Gesteine betrachten, die eine bestimmte stratigraphische Lage einnehmen.

In den präkambrischen Schichtserien sind die Konglomerate gewöhnlich die geologischen Körper, die beim Metamorphoseprozeß am vollständigsten ihre primären individuellen Eigenschaften behielten. Daher können sie unter den fossilfreien metamorphosierten und gar nicht so häufig schichtförmig angeordneten Bildungen gut als Leithorizonte dienen. Beim gegenwärtigen Untersuchungsgrad der Sedimentgeologie des Präkambriums muß die Untersuchung der präkambrischen Konglomerate zur Schaffung eines Schemas der stratigraphischen Aufeinanderfolge der metamorphen Schichtserien, zur Feststellung von Unterbrechungen in der Sedimentation, der Aufeinanderfolge der tektonischen Bewegungen und zur Charakterisierung der Denudationsprozesse der alten Gebirgssysteme in den Vordergrund gestellt werden.

Bei der Untersuchung der Konglomerate der Kolahalbinsel zeigte sich, daß sie nicht nur regional verbreitet sind, sondern — sich über bedeutende Entfernungen hinziehend — auch gute stratigraphische Festpunkte darstellen. Nach der Zusammensetzung der Geröllkomponenten und des Konglomeratzements kann man mit ziemlicher Sicherheit ein Urteil über die Altersbeziehungen der metamorphen Schichtserien, über die verschiedenen Etappen des Metamorphismus und sogar über die Anzahl solcher Etappen abgeben.

Unter den metamorphen Bildungen der Kolahalbinsel wurden in fast allen gegenwärtig ausgehaltenen stratigraphischen Unterteilungen des Proterozoikums Konglomerate gefunden: an der Basis und innerhalb der Tundra-Serie, in der Kejwy-Serie, der Imandra-Warsuga-Serie und der Petschenga-Serie, d. h. in mehr als sechs großen stratigraphischen Niveaus. Ihre räumliche Erstreckung ist ebenfalls bedeutend (Abb.). So erstrecken sich z. B. die Konglomerate der Woronja-Tundra-Stufe der Tundra-Serie als eine ununterbrochene Kette entlang der gesamten Woronja-Tundra-Kolmosero-Senke im Nordosten der Kolahalbinsel über eine Entfernung von mehr als 100 km. Dabei nehmen die genannten Konglomerate im Profil überall eine bestimmte stratigraphische Lage ein, nämlich unterhalb der Gesteine der Tscherwurt-Stufe. Das berechtigt, sie als Leithorizont zu benutzen.

Ihrem Alter und der stratigraphischen Lage analoge und der Zusammensetzung nach ähnliche Konglomerate wurden auf einem großen Territorium (mehr als 500 km²) südlich von den Bolschije Kejwy im Gebiet der Wasserscheide des Ponoj und des Purnak im Ostteil der Kolahalbinsel gefunden. In diesem Gebiet, das seinerzeit ein peripherisch herausgehobenes Sedimentationsgebiet darstellte, weist das Sedimentprofil (die Sedimente sind denen der Woronja-Tundra-Stufe synchron) viele klastische und grobklastische Anhäufungen auf (Lebjashe-Stufe). Im anderen, westlichen Teil der Kolahalbinsel sind ebenfalls der genannten Stufe synchrone Schichtserien anzutreffen, die aus klastischen Gesteinen bestehen und Konglomerate enthalten (Arwarentsch-Stufe).

Dasselbe kann man von den Konglomeraten der Wychtschurtsker Stufe der Kejwy-Serie sagen, die sich im Gebiet der Wasserscheide des Ponoj und des Purnak im Ostteil der Kolahalbinsel über Dutzende Kilometer als deutlicher Horizont hinziehen und an der Sedimentationsbasis des Mittleren Proterozoikums einen sicheren Leithorizont bilden. Man kann auch auf die Konglomerate der Imandra-Warsuga-Serie im Gebiet der Montsche-Poluostrow (Zentralteil der Kolahalbinsel) verweisen, die über ihrer Zusammensetzung und ihrem Alter nach unterschiedlichen Bildungen lagern und auf eine große regionale Unterbrechung in der Sedimentation zwischen Mittlerem und Oberem Proterozoikum und auf den Beginn eines neuen großen Sedimentationszyklus hinweisen.

Außerdem wird die Möglichkeit der Nutzung der Konglomerate als stratigraphische Leithorizonte dadurch gestützt, daß die Konglomerate eines jeden Horizonts ungeachtet der Unterschiede in ihrer Zusammensetzung ziemlich deutlich ausgeprägte individuelle Züge tragen, die für den gegebenen Horizont insgesamt charakteristisch sind (petrographische Zusammensetzung der Geröllkomponenten, des Zements, des Metamorphosierungsgrades usw.).

Besonders wichtig für die Typisierung der Konglomerate ist die Untersuchung ihrer petrographischen Zusammensetzung. Das ist durchaus erklärlich, da die Bildung eines jeden Konglomerattyps eines gegebenen Gebiets in einer bestimmten tektonischen und paläographischen Situation vor sich ging und im allgemeinen ähnliche Gesteinsgruppen von der Denudation erfaßt wurden.

Gegenwärtig wird für die Konglomerate des Präkambriums — im Unterschied zu den analogen Gesteinen jüngeren Alters — eine spezifische Untersuchungsmethodik entwickelt. Während die Konglomerate jüngerer Systeme hauptsächlich vom Standpunkt ihrer geologischen Besonderheiten aus untersucht werden, ihrer stratigraphischen Lage, ihrer räumlichen Verteilung usw., muß man bei der Untersuchung der präkambrischen Konglomerate das Hauptaugenmerk auf die Erforschung ihrer petrographischen Besonderheiten richten.

Die Methode der petrographischen, genauer gesagt, der petrographisch-statistischen Untersuchung der Konglomerate ist in der Geologie recht gut bekannt: Es

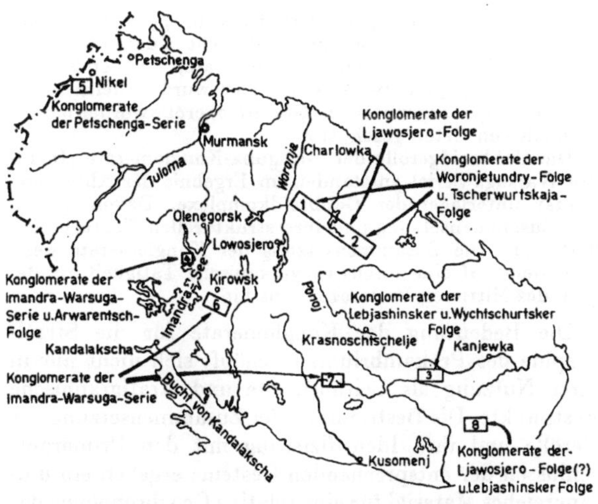


Abb. Verbreitungsschema der erforschten präkambrischen Konglomerate auf der Kolahalbinsel

Gebiete: 1 — Woronja-Tundra, 2 — Kolmosero-Porososero-Seen, 3 — Wasserscheide des Ponoj und des Purnak, 4 — Montsche-Halbinsel im Imandra-See, 5 — Poro-Jarwi-See, 6 — Chibinengebiet, 7 — Mittellauf des Warsuga-Flusses, 8 — Oberlauf des Tschapoma-Flusses

werden die petrographische Zusammensetzung der Gerölle und die prozentualen Verhältnisse der Gerölle unterschiedlicher Zusammensetzung bestimmt, gleichzeitig wird die Morphometrie der Gerölle untersucht. Diese und andere Besonderheiten der Konglomerate werden graphisch dargestellt. Für die präkambrischen Konglomerate stellt diese Methode die Hauptmethode dar, obwohl sie dadurch erschwert wird, daß sich die Zusammensetzung der Gerölle und ihre Form im Metamorphoseprozeß verändern können und die Umwandlung der Konglomerate in ein monolithisches metamorphes Gestein nicht gestattet, aus ihnen Geröll zur detaillierten Untersuchung ihrer Abmessungen, ihrer Form und zur Bestimmung ihres volumenmäßigen Anteils auszuscheiden. Statt dessen muß man die Geröllverteilung für eine Oberflächeneinheit des Aufschlusses bestimmen. Eine Beobachtung der Veränderung der Zusammensetzung der Konglomerate im Raum ist ebenfalls schwierig.

Bei der Untersuchung der petrographischen Zusammensetzung der Konglomerate des Präkambriums muß man auch einige spezifische Besonderheiten dieser Gesteine berücksichtigen, die sie von den Konglomeraten späterer Epochen unterscheiden. Der Metamorphismus verleiht den präkambrischen Konglomeraten ein bestimmtes Aussehen. Die Zusammensetzung und die Form der Gerölle werden durch den Metamorphismus verändert. Der Metamorphismus drückt sich in unterschiedlichem Maße in den verschiedenen Gesteinen aus, die die Geröllkomponenten der Konglomerate bilden. So verwandeln sich die Gerölle im Ergebnis der metamorphen Umkristallisation in verschiedenartige kristalline Schiefer, und bevor man die Frage nach der ursprünglichen Zusammensetzung verschiedener Gerölle entscheidet, muß man eine entsprechende petrologische Untersuchung durchführen, häufig an einem begrenzten Material, da die Gerölle oft sehr klein sind. Bei Vorhandensein von inhomogenen Erscheinungen des Metamorphismus wird die ursprüngliche Zusammensetzung der Gerölle noch mehr verwischt, und in einer bestimmten Etappe kann es notwendig sein, schon nicht mehr die Frage der Zugehörigkeit des Gerölls zu einem Gesteinstyp, sondern zu einer Gesteinsgruppe (Eruptiv-, Sediment- oder metamorphen Gesteinen) zu entscheiden.

Bei den ausgesonderten sechs altersunterschiedlichen Konglomeraten der Kolahalbinsel tritt deutlich eine spezifische petrographische Zusammensetzung der Gerölle und des Zements zutage. Das gestattet, ihre einzelnen Aufschlüsse untereinander zu korrelieren. Dieses Problem wurde genauer von LUNEWA (1963) untersucht. So werden die Konglomerate der Ljawosero-Stufe der Tundra-Serie auf der Kolahalbinsel vorwiegend aus granitoiden Geröllen und Rollsteinen mit einer untergeordneten Menge von Gneis- und Quarzgeröllen gebildet. Faktisch kann man diese Konglomerate als oligomikt bezeichnen. Ihr Geröllanteil ist unbedeutend, die Sortierung schlecht. Das Zementationsmittel ist durch sandiges und kiesig-sandiges Material vertreten, das eine dünne Schichtung aufweist und solche Reliktminerale (mit Anzeichen einer Abrollung und folgender Regeneration) wie Orthit, Zoisit und Epidot enthält.

Die Konglomerate der Woronja-Tundra-Stufe haben eine völlig andere petrographische Zusammensetzung. Es sind dies typisch polymikte Konglomerate. Unter den Geröllen herrschten ursprünglich Sedimentgesteine vor, die durch Metamorphismus in verschiedenartige Quarzite und Gneise, zumindest aber in Glimmerschiefer umgewandelt wurden. In geringerer Menge kann man unter den Geröllen Granitoide und Porphyroide beobachten. Der Geröllanteil wird hier dadurch charakterisiert, daß das zementierende Material gewöhnlich nur in den Zwischenräumen auftritt. Die Sortierung des Geröllmaterials ist in der Regel gut. Das Primärmaterial wird ursprünglich durch Sande und Gravelite ohne Orthit gestellt, dafür aber treten Turmalin und Rutil auf.

Sogar in den Konglomeraten, die den Woronja-Tundra-Konglomeraten synchron und in einem Gebiet verbreitet sind, das vom vorhergehenden mehr als 100 km entfernt ist, kann man — natürlich neben einer Reihe von Unterschieden, die durch die Besonderheiten der Sedimentationsbedingungen und des Metamorphismus bedingt werden — Züge petrographischer Ähnlichkeit feststellen. In der Zusammensetzung der Gerölle dieser Konglomerate herrschten ursprünglich ebenfalls Sedimentgesteine vor, die in verschiedenartige Schiefer, Gneise und Quarzite verwandelt wurden, sind dabei aber quantitativ den Porphyroiden und Granitoiden untergeordnet. Das zementierende Material füllt ebenfalls vorwiegend die Räume zwischen den Geröllen aus und entspricht der Zusammensetzung und Herkunft nach sandigen, gravelitischen und kiesig-sandigen Gesteinen.

Die Konglomerate der Tscherwurt-Stufe der Kejwy-Serie leiten sich vorwiegend aus Geröllen ursprünglich sedimentärer Gesteine her und bilden verschiedenartige, hauptsächlich feldspathaltige Quarzite und Gneise. Gerölle von Porphyroiden und Granitoiden sind in ihnen von untergeordneter Bedeutung. Charakteristisch ist für diese Konglomerate an allen Aufschlußpunkten (die Vorkommen liegen fast 100 km voneinander entfernt) das Vorhandensein von Granatquarzit- und Turmalinschiefergeröllen. Das Zementationsmaterial der Tscherwurt-Konglomerate ist durch sandiges und tonig-sandiges Material vertreten. Charakteristisch ist, daß heute solche Tonerdeminerale wie Staurolith, Cordierit, Cyanit und Granat vorhanden sind.

Die Konglomerate der Wychtschurt-Stufe werden durch eine völlig andersartige Zusammensetzung der Gerölle und des Zements charakterisiert. Das Geröllmaterial besteht vorwiegend aus Quarz; auf großen Abschnitten tragen die Konglomerate deutlich oligomikten Charakter. Außer Quarz spielten Quarzite als Geröllkomponenten eine große Rolle; in untergeordneter Menge sind Muskovitschiefer und teilweise Granitoide vorhanden. Ursprüngliches zementierendes Material sind Quarzsande und Gravelite mit tonigem Zement, die in Muskovitquarzite und -schiefer verwandelt wurden, die porphyroblastischen Biotit, Staurolith und Granat enthalten.

Die Zusammensetzung der Konglomerate an der Basis der Imandra-Warsuga-Serie ist ebenfalls sehr eigenartig. Die Gerölle bestehen zu über 50% aus Gabbroiden, in geringerer Menge aus Tuffen von basischen Effusiva. Weniger häufig findet man Porphyrite, Granitoide, Tuffaleurolithe, Tuffite. Die Sortierung ist schlecht. Das zementierende Material ist durch kiesiges Tuffsandmaterial, Tuffaleurolithe und Tuffschiefer vertreten.

Die angeführten Beispiele zur petrographischen Charakteristik der Konglomerate zeugen deutlich von den spezifischen Besonderheiten eines jeden Konglomerattyps. Das gestattet, die räumlich getrennten Aufschlüsse präkambrischer Konglomerate in metamorphen Schichtserien einander gegenüberzustellen und nach ihren petrographischen Merkmalen miteinander zu korrelieren. In Tab. 2 wird eine verallgemeinernde Charakteristik der verschiedenen Konglomerattypen der Kolahalbinsel gegeben.

Das Auffinden der individuellen Besonderheiten eines jeden Gesteinstyps, der Gerölle bildet, und ihre Gegenüberstellung mit den Primäraufschlüssen in den mutmaßlichen Abtragungsgebieten gestatten nicht nur, mit ziemlicher Sicherheit darüber zu urteilen, wo das Geröllmaterial herkam und über welche Entfernung es transportiert wurde, sondern auch die Altersverhältnisse zwischen den Schichtserien, die die Konglomerate enthalten, und denen, die einer Zerstörung unterworfen wurden und Geröllmaterial für die Bildung von Konglomeraten lieferten, klarzustellen. Für die Konglomerate der Kolahalbinsel ergab die Untersuchung der stofflichen Zusammensetzung der Gerölle und des Zements sowie der umgebenden und unterlagernden Schichtserien und der Vergleich ihrer petrographischen Besonderheiten die Grundlage für Vorstellungen über die möglichen Quellen des Geröllmaterials. Die Veränderung der Zusammensetzung, des Anreicherungsgrads, der Ausmaße und der Abrollung der Gerölle im Streichen der Konglomeratbänke ergibt die Möglichkeit, sich eine Vorstellung von den Transportrichtungen der Gerölle zu machen.

Die Plagiogranitoidgerölle der Ljawosero-Konglomerate werden ihrer petrographischen und mineralischen Zusammensetzung nach mit älteren archäischen Plagiogneisgraniten verglichen; sie wurden offensichtlich vom Norden und Nordosten herantransportiert, wo archäische Granitoide sehr verbreitet sind. Das Geröllmaterial der Woronja-Tundra-Konglomerate und der Tscherwurt-Konglomerate, in dem ursprünglich Sedimentgesteine — verschiedenartige Gneise, Schiefer und Quarzite — vorherrschten, wurde wahrscheinlich durch Abtragung der sie unterlagernden, umgebenden und teilweise der umhüllenden Sedimente gebildet. Die sie aufbauenden Gneise, Schiefer und Quarzite können ihrer Zusammensetzung nach mit den Gesteinen verglichen werden, die den auftretenden Geröllkomponenten entsprechen. Die Ljawosero-Konglomerate zeugen ebenfalls von einer Herausbildung von Hochgebieten zu Beginn des Proterozoikums und von der verstärkten Erosion der archäischen Granite im Norden und Nordosten der Kolahalbinsel.

In den Konglomeraten der Wychtschurt-Stufe erfuhr das Geröllmaterial, das hauptsächlich aus Quarz und Quarziten besteht, eine lang anhaltende Verwitterung und möglicherweise eine mehrmalige Umverlagerung im Ergebnis der Abtragung einer unterproterozoischen Verwitterungskruste. Die Zusammensetzung der Konglomerate und ihr Verwitterungsgrad wiesen überzeugend auf die Existenz eines lang andauernden kontinentalen Regimes im Mittleren Proterozoikum hin. Es ist bemerkenswert, daß an einer Reihe anderer Orte des Baltischen Schildes sogar Verwitterungskrusten proterozoischer Zeit zu beobachten sind. Ein Teil der Quarzitgerölle der Wychtschurt-Konglomerate trägt in petrographischer und mineralogischer Beziehung ähnliche Züge wie einige Quarzite, die nördlich der Konglomerate, im Bereich der Bolschije Kejwy, entwickelt sind; er wurde offensichtlich von dort wegtransportiert. Die Granitoidgerölle wurden hauptsächlich von Osten geschüttet.

Die Gabbroidgerölle der Rishguba-Konglomerate (Imandra-Warsuga-Serie) entstanden im Ergebnis der Abtragung älterer unterlagernder Gabbroidkomplexe. Davon zeugen ihre Zusammensetzung und ihre strukturellen Texturbesonderheiten. Die Zusammensetzung der Konglomerate weist außerdem auf eine intensive vulkanische Tätigkeit zu Beginn des Mittleren Proterozoikums hin.

Die Bedeutung der Konglomerate für die Stratigraphie des Präkambriums erschöpft sich nicht nur in ihrer Nutzung als Leithorizonte und stratigraphische Festpunkte. Die Bestimmung der Zusammensetzung der Gerölle und ihre Identifizierung mit den Primäraufschlüssen der entsprechenden Gesteine ergeben ein umfangreiches Material für eine relative Geochronologie des Präkambriums. Die obengenannten Angaben decken das Altersverhältnis der Konglomerate zu den anderen Gesteinen auf, die in Primärlagerung beobachtet werden.

Die regional verbreiteten Konglomerate liefern also wertvolles Material für die Aufgliederung der sedimentär-metamorphen Ablagerungen des Präkambriums, für die Feststellung der kontinentalen Unterbrechungen der Sedimentation und der Zeit der verstärkten Denudation, die durch tektonische Bewegungen hervorgerufen wurden.

Die Bedeutung der Konglomerate für die Erkenntnis der Geschichte des Präkambriums erschöpft sich aber nicht nur in dem bisher Dargelegten. Die Untersuchung der Konglomerate gestattet auch, sich Vorstellungen über die Etappen des Metamorphismus und die Verwitterungsprozesse in präpaläozoischer Zeit zu bilden.

Große Bedeutung für die Klärung der Entwicklungsgeschichte der Schilde im Präkambrium hat neben der Untersuchung der Etappen der Sedimentbildung die Kenntnis der Etappen des Metamorphismus der Gesteine. Man kann annehmen, daß sie mit der tektonischen Entwicklung der Schilde verbunden sind. Gegenwärtig gibt es wenig zuverlässige geologische Angaben über die Etappen dieses Metamorphismus. Außerdem wird diese Frage bei der Erörterung der präkambrischen Geschichte der Schilde in der Regel nicht behandelt.

Die petrographische Untersuchung der Zusammensetzung der Konglomerate kann interessante Angaben für eine objektive Einschätzung der Aufeinanderfolge der Etappen des Metamorphismus der einzelnen Schichtserien des Präkambriums ergeben.

In der Geologie des Präkambriums gibt es bis jetzt noch nicht genügend objektive Kriterien für begründete Vorstellungen über die Zeit des Metamorphismus, sowohl der Konglomerate insgesamt als auch ihrer einzelnen Bestandteile (Geröll, Zement). Die Frage, wann die die Konglomerate aufbauenden Gerölle metamorphosiert wurden — vor der Bildung der Konglomerate (d. h., daß sich das Konglomerat aus Geröllen schon metamorphosierter Gesteine gebildet hat) oder zusammen mit dem gesamten Konglomeratmaterial (d. h., bei ihrer Bildung wurden Gerölle von unveränderten Gesteinen herantransportiert) —, wird in der Literatur im allgemeinen nicht behandelt. Dabei ist die Lösung der genannten Frage sehr wichtig für die Rekonstruktion der Auf-

Zeitschrift für angewandte Geologie, Bd. 16 (1970), Heft 6



einanderfolge der Entwicklung der Prozesse der Regionalmetamorphose. Besonders die Untersuchung des Charakters der Deformierung der Gerölle, die bei der Regionalmetamorphose stattfindet, gibt — unter Berücksichtigung von deren petrographischer Zusammensetzung — teilweise eine Antwort auf diese Frage.

Es kann nicht betritten werden, daß die Zeit des Metamorphismus des Konglomeratzements die Zeit des Metamorphismus des Gesteins überhaupt widerspiegelt. Was die Gerölle der Gesteine anbelangt, kann man nach der Zeit des Metamorphismus zwei Geröllgruppen unterscheiden. Eine Gruppe bilden die Gerölle, die bei der Bildung des Konglomerats in schon metamorphosierter Form herantransportiert wurden. Der weitere Metamorphismus tritt unterschiedlich in Abhängigkeit von ihrer Zusammensetzung auf. Meist wird er durch verschiedenartige Deformationen und fast ohne Veränderung der mineralogischen Zusammensetzung der Gerölle charakterisiert. Die Untersuchung des Auftretens eines wiederholten Metamorphismus, besonders der Veränderung der mineralogischen und chemischen Zusammensetzung der Gerölle, die aus früher metamorphosierten Gesteinen bestehen, stellt eine sehr interessante Aufgabe dar. Die andere Geröllgruppe besteht aus Geröllen vorher nicht metamorphosierter Gesteine, die zusammen mit dem gesamten Konglomerat einer Metamorphose ausgesetzt waren. Wenn es sich dabei um Gerölle von Sedimentgesteinen handelte, so wurde im Verlaufe des Metamorphoseprozesses nicht nur ihre Form verändert; gleichzeitig wurde auch ihre mineralogische, teilweise auch ihre chemische Zusammensetzung einer Veränderung unterworfen, wahrscheinlich in dem Maße, wie sich im Prozeß der Metamorphose die Zusammensetzung des Zements veränderte. Das Gesagte wird bis zu einem

Tab. 1. Die Lage der Konglomerate im Profil des Präkambriums der Kolahalbinsel

| Gruppe | Abteilung | Form, Serie | Stufe | Geologischer Index | Mächtigkeit, in m | Konglomerathorizonte | Charakteristik der Gesteinszusammensetzung |
|---|---|---|---|---|---|---|---|
| paläozöisch | – | Devon | Ljawosero- | $D_3lv$ | > 200 | | sedimentär-vulkanogene Bildungen |
| proterozoisch | Obere | | – | – | – | | karbonatisch-terrigene Sedimentbildungen der Tersker Stufe, der Tyrij-Mys-Stufe, der Stufen der Halbinseln Srednij und Rybatschij, der Kildina-See-Stufe |
| | Mittlere | Petschenga- | – | – | – | | sedimentär-vulkanogene Schichten mit basalen Konglomeraten in der Basis der Serie sowie in der Basis und innerhalb der sie aufbauenden Stufen |
| | | Imandra-Warsuga- | – | $Pt_3$ | 3000? | | Komplex sedimentär-vulkanogener Bildungen mit basalen Konglomeraten in der Basis (Rishguba-Stufe) |
| | Untere? | | Peszowo-Tundra- | $Pt_2ps$ | 240 | | Zweiglimmerschiefer, Quarzit-Sandsteine, dolomitisierte Kalksteine |
| | | | Wych-tschurt- | $Pt_2vh$ | 300 – 550 | | Muskovitquarzite, porphyroblastische Muskovit-Quarz-Schiefer mit Staurolith, Biotit, seltener Cyanit, mit Konglomeratschichten oder -linsen |
| | Untere | Kejwy-Tundra- | Polmos-Tundra- | $Pt_1pl$ | 50 – 300 | | schiefrige Amphibolite mit Zwischenschichten von Amphibol-Biotit-Gneisen und Eisen-Quarziten |
| | | | Tscherwurt- | $Pt_1cr$ | 30 – 400 | | vorwiegend tonerdereiche Schiefer und Gneise mit Cyanit, Staurolith, Cordierit, Biotit, mit Konglomeraten innerhalb der Stufe und in ihrer Basis |
| | | | Woronja-Tundra- | $Pt_1vr$ | 150 – 200 | | Arkose-, Zweiglimmer- und -Biotitgneise und -schiefer mit Konglomeraten innerhalb der Stufe, möglicherweise auch in der Nähe ihrer Basis. Die Biotitgneise mit Konglomeraten der Lebjashinsk-Stufe des Gebiets Bolschije Kejwy und der Wasserscheide des Ponoj und des Purnak sowie die Amphibol-Biotit-Gneise mit Konglomeraten der Arwarentsch-Stufe des Westufers des Imandra-Sees sind altersgleich, |
| | | | Ljawosero- | $Pt_1lv$ | 100 – 500 | | Biotit-, Granat-Biotit-, Amphibol-Biotit-Gneise mit Konglomeraten in der Basis |
| archäisch | | Weißes-Meer- und Kola- | – | A | 4500? | | verschiedenartige Gneise und Amphibolite, hauptsächlich Zweiglimmer-, Biotit-, Amphibol- und tonerdereiche Gneise und Amphibolite, Eisenquarzite |

gewissen Grade gestützt durch die Resultate der Untersuchung von Konglomeraten des Proterozoikums der Kolahalbinsel, wo wir Beispiele sowohl für einen wiederholten als auch für einen einmaligen Metamorphismus der Gesteine haben, die Gerölle lieferten.

Die Kompliziertheit der Lösung der Frage nach dem Auftreten eines wiederholten Metamorphismus besteht bezüglich der Konglomerate der Kolahalbinsel darin, daß der ursprüngliche Metamorphismus der Gesteine einiger Gerölle und der darauffolgende Metamorphismus der Konglomerate und der ihnen benachbarten Schichtserien gradmäßig fast gleich sind. Dasselbe kann man auch vom Metamorphismus aller Gesteine des dortigen Profils sagen. Der Metamorphismus der archäischen Plagiogranitoide und der Gneise und der proterozoischen Gneise, Schiefer und anderen Gesteine ist ebenfalls sehr ähnlich und entspricht überall der Amphibolit-Fazies.

In regionaler Sicht ist die archäische Entwicklungsetappe des Baltischen Schildes durch eine räumlich sehr ausgedehnte Orogenphase von der folgenden (proterozoischen) Etappe getrennt. Es wird angenommen, daß die archäischen sedimentären, sedimentär-vulkanogenen und magmatischen Komplexe zu Beginn der unterproterozoischen Sedimentation in Falten gepreßt und metamorphosiert wurden. Im östlichen Teil der Kolahalbinsel entsprach ihr Metamorphismus offensichtlich der Amphibolit-Fazies. Es ist offensichtlich, daß die Gerölle der archäischen Plagiogranitoide in schon metamorphosiertem Zustand (Amphibolit-Fazies) zum Lagerungsraum der Ljawosero-Konglomerate transportiert wurden. Gleichzeitig wurden einige Gerölle von Biotitgneisen, die den unteren Gneis-Horizonten der umgebenden Ljawosero-Stufe entsprechen, nach der Bildung des Konglomerats und ebenfalls unter den Bedingungen einer Amphibolit-Fazies metamorphosiert. Die geologischen Beziehungen der Stufen helfen im gegebenen Fall, sich eine Vorstellung von der Anzahl der Etappen des Geröllmetamorphismus zu machen.

Wenn der Metamorphismus der Gesteine in den Geröllen ursprünglich einer anderen Fazies entsprach als der spätere Metamorphismus der Konglomerate insgesamt, so könnten die Relikte der entsprechenden Mineralassoziationen die Wiederholung des Metamorphismus der Gesteine in den Geröllen und die Existenz mehrerer Etappen metamorpher Umbildungen der Gesteine in dem untersuchten Profil der metamorphen Stufen bestätigen.

Als Beispiel kann man die proterozoischen Konglomerate aus der Basis der Imandra-Warsuga-Serie auf der Montsche-Halbinsel anführen. Der Metamorphismus dieser Konglomerate entspricht insgesamt der Fazies der Grünschiefer. In den Geröllen sind verschiedenartige ältere Gesteine vorhanden, die früher unter den Bedingungen der Amphibolit-Fazies metamorphosiert wurden. Das sind die Amphibol-Biotit-Gneise und die Amphibolite der Arwarentsch- und der Witeguba-Stufe. Der wiederholte Metamorphismus der Grünschiefer-Fazies im Konglomerat war für diese Gerölle regressiv und kam in einer Veränderung ihrer mineralischen Zusammensetzung zum Ausdruck (Verdrängung der Amphibole durch Biotit und Chlorit, Zersetzung der Pyroxene, Albitisierung der Feldspäte u. a.). Außerdem wirft die Zusammensetzung der metamorphen Geröllkomponenten zusammen mit ihrer Form und ihrem Deformierungsgrad Licht auf dieses interessante Problem.

Die Veränderungen der Geröllform während des Metamorphismus sind sehr vielfältig. Unter den gleichen Bedingungen des Metamorphismus reagieren Gerölle unterschiedlicher Zusammensetzung verschieden auf die dabei auftretenden dynamischen Kräfte. Außer der Tatsache, daß sich der Zusammensetzung nach unterschiedliche Gesteine bei ein und demselben Metamorphismus in verschiedenem Maße umkristallisieren und sich entsprechend verdichten, entstehen ständig Streßzonen, in denen sich die verschiedenen Gesteine völlig unterschiedlich verhalten. So behalten die Gerölle solcher Eruptivgesteine wie Granitoide, Gabbroide, verschiedenartige Effusivgesteine und Quarz bei mittlerem (Amphibolit-Fazies) regionalem Metamorphismus entweder ihre ursprüngliche Form, oder sie verändern diese nur schwach (d. h., sie werden abgeplattet oder strecken sich). Unter denselben Bedingungen werden die Gerölle von Sedimentgesteinen viel stärker deformiert, wobei Struktur und Zusammensetzung des Ausgangsgesteins bei der Deformation die Hauptrolle spielen. Die Gerölle von sandigen Gesteinen, d. h. von dichteren und festeren, erhalten ihre Form besser als z. B. die Gerölle von Aleurolithen oder tonigen Gesteinen. Die ihrer Zusammensetzung und ihrer Struktur nach unterschiedlichen Sandsteine reagieren ebenfalls unterschiedlich auf die deformierenden Kräfte. Die dichtgepackten Quarzsandsteine widerstehen den letzteren aktiv, die polymikten Sandsteine aber, die z. B. reich an tonigem Zement sind, werden unter denselben Bedingungen viel leichter und stärker deformiert. Diese Feststellung wird dadurch erhärtet, daß man unter den metamorphen Komplexen ziemlich häufig Quarzite mit Relikten klastischer Struktur findet, während z. B. die Grauwackensandsteine unter denselben Bedingungen des Metamorphismus immer in kristalline Schiefer mit Relikten klastischer Struktur oder ohne diese verwandelt werden.

Verf. haben Zonen eines Dislokationsmetamorphismus beobachtet, in denen die Granitgerölle so deformiert waren, daß man nur sehr vage über den Charakter ihrer ursprünglichen Form urteilen konnte. Diese Granitgerölle wurden entweder in „Fladen" mit einer Länge von 40 cm, einer Breite von 20 bis 30 cm und einer Dicke von 3 bis 5 cm oder in zigarrenförmige Körper mit einer Länge von 20 bis 25 cm, einer Breite und einer Dicke von 3 bis 5 cm verwandelt. Die Gerölle von Gabbroiden haben in der Zone des Grünschiefermetamorphismus oft eine brotlaibförmige oder eine stark ausgewalzt-gestreckte Form, die von einer starken einseitigen Pressung zeugt. Die Gerölle der Sedimente werden unter solchen Bedingungen normalerweise so platt gedrückt, daß das Gestein auf einer kleinen Stufe oder in einem kleinen Handstück eine gebänderte oder linsenförmig gebänderte (linsenförmig schichtige) Textur erhält. Offensichtlich wurden solche stark deformierten Konglomeratzonen von den Wissenschaftlern oft nicht beachtet, oder sie wurden zu Bildungen mit einer völlig anderen Genesis gezählt. Verf. haben z. B. beobachtet, daß sich die aus feinschuppigem Muskovitschiefer bestehenden Gerölle unter den Bedingungen der regionalen Metamorphose der Cyanit-Staurolith-Subfazies faktisch in Bestege auf den Schieferungsflächen des Gesteins verwandelten. Ihre Dicke beträgt nicht mehr als 2 bis 3 cm, bei einer Länge und Breite von 5 bis 15 cm. Im Aufriß haben sie eine ovale oder abgerundete Form, sie enthalten keine anderen Minerale außer feinschuppigem Muskovit und manchmal porphyroblasti-

Tab. 2. Vergleichende Charakteristik der Konglomerate der Kolahalbinsel

| | Geologische Angaben | | | Mechanische Zusammensetzung | | | | Zement | | |
|---|---|---|---|---|---|---|---|---|---|---|
| Konglomerathaltige Stufen | Stratigraphische Lage | Verbreitung | Mächtigkeit, in m | Rundungsgrad | Packung (Stück, auf 1 m²) | Geröllausmaße, in cm | Vorherrschende petrographische Geröllzusammensetzung | Zementtyp | Vorherrschende mineralogische Zusammensetzung | Genesis |
| Ljawosero- | Basis des Proterozoikums | in Form von Streifen, mit einer Erstreckung von 30 km | 60–180 | gut | 10–70 | vorherrschend Fraktionen 6–9 u. 12–15 | Plagiogranitoide | sandig, metamorphosiert bis zu Gneisen | Quarz, Plagioklas, Biotit, Hornblende | basale Konglomerate, die sich im Ergebnis einer Denudation archäischer Granite bildeten; Transport N–NE |
| Woronja-Tundra- | Mitte des Unteren Proterozoikums | desgl., 100 km | 60–70 (nach NW) 200–300 (nach SE) | mittel bis schlecht | 160–1000 | vorherrschend Fr. 3–4, 6–9 u. 12–15 vorhanden | Gneise, Quarzite, Schiefer | tonig-sandig, metamorphosiert bis zu Gneisen | Quarz, Plagioklas, Muskovit, Turmalin | Interformationskonglomerate, die sich bei der Abtragung der unterlagernden Sedimentschichten und der archäischen Granite bildeten |
| Tscherwurt- | Mitte des Unteren Proterozoikums | desgl., 100 km | 30–200 | desgl. | 114–900 | vorherrschend Fr. 3–4 (nach NW) u. 6–9 (nach SE) | Gneise, Schiefer, Quarzite | tonig-sandig, metamorphosiert bis zu Gneisen | Quarz, Plagioklas, Staurolith, Cyanit, Cordierit | Interformationskonglomerate, die sich bei der Abtragung der unterlagernden Schichten und der archäischen Granite bildeten |
| Wychtschurt- | Basis des Mittleren Proterozoikums | räumlich, 100 km² | 70–100 | gut | 16–145 | vorherrschend Fr. 60–9 u. 3–4 | Quarz, Quarzite | sandig-tonig, metamorphosiert bis zu Schiefern | Quarz, Muskovit, Staurolith, Granat | basale Konglomerate, die sich im Ergebnis einer Denudation der unterproterozoischen Verwitterungskruste bildeten |
| Kishguba- (Imandra-Warsuga-Serie) | Basis des Oberen Proterozoikums | in Form von Streifen, mit einer Erstreckung von 20 km | 30–50 | mittel | 20–80 | vorherrschend Fr. 6–9 u. 12–15, Fr. 3–4 vorhanden | Gabbroide, Gneise | tuffogen, metamorphosiert bis zu Grünschiefern | Chlorit, Plagioklas, Quarz | basale Konglomerate, die sich im Ergebnis einer Denudation der unterlagernden Gabbroide und Gneise der Awarentsch-Stufe bildeten |
| Petschenga-Serie (Poro-Jarwi-See) | innerhalb der Serie | räumlich, 50 km² | 170–600 | schlecht und mittel | 150–800 | vorherrschend Fr. 3–4 | basische Effusiva, Tuffe basischer Effusiva | tuffogen, metamorphosiert zu Grünschiefern | Chlorit, Plagioklas, Quarz | Interformationskonglomerate, die sich bei der Abtragung der unterlagernden Schichten bildeten |

schem Biotit; ursprünglich kann es sich um Tonklumpen kaolinitischer Zusammensetzung gehandelt haben. Im Gestein kann man sie nur auf den Schieferungsoberflächen erkennen, im Perpendikularschnitt sind sie kaum zu unterscheiden. Es ist interessant, daß die außerdem vorhandenen Quarzgerölle nicht deformiert sind.

In einzelnen Konglomeraten wurden auch Gerölle von Sedimentgesteinen beobachtet, die einem Metamorphismus unterlagen und noch vor der Konglomeratbildung in Gneise verwandelt wurden. Verf. haben z. B. im Gebiet des Sees Kolmosero Konglomerate mit Zement von Gneiszusammensetzung gefunden, die Gneisgerölle enthielten, die eine von der des Zements unterschiedliche Orientierung der Gneisschieferung aufweisen. Das zeugt nicht nur von einer unterschiedlichen Zeit des Metamorphismus des Gerölls und des Zements, sondern auch davon, daß bei wiederholtem Metamorphismus weder eine Neuorientierung der früher entstandenen Gesteinstextur im Geröll noch tiefgreifende mineralogische Veränderungen vor sich gingen.

Der Deformierungsgrad der Gerölle steht in direkter Abhängigkeit von dem Grad ihrer Packungsdichte. In dichtgepackten Konglomeraten werden die Gerölle der „weicheren" Gesteine stärker deformiert als in einem weniger dicht gepackten Konglomerat, da im ersten Falle die Gerölle im Faltungs-(Pressungs-)prozeß einen intensiven Druck aufeinander ausüben. Im Falle weniger dicht gepackter Konglomerate, wo das die Gerölle zementierende Material nicht nur die Porenräume, sondern auch teilweise oder gänzlich die Räume zwischen den Geröllen ausfüllt, spielt der Zement die Rolle einer Art von Armorisator und schwächt bis zu einem gewissen Grade die deformierenden Kräfte ab. Als Beispiel kann man die Konglomerate der Ljawosero- und der Tscherwurt-Stufe anführen.

Die Ljawosero-Konglomerate sind wenig dicht gepackt; oft sind es sogar keine Konglomerate, sondern Biotitgneise, die Gerölle enthalten. In der Zone intensiver tektonischer Spannungen werden die Granitoidgerölle dieser Konglomerate stark deformiert, in der Regel werden sie ihrer Form nach einem abgeplatteten Ellipsoid mit einem Achsenverhältnis von etwa 2,5 : 1,5 : 1 ähnlich. Die Gneisgerölle werden in demselben Konglomerat noch mehr deformiert. Obwohl sie im Schnitt gewöhnlich die Form einer Linse haben, werden sie doch deutlich als Geröllkomponenten unterschieden. Die Konglomerate der Tscherwurt-Stufe wurden weniger intensiv deformiert, die Granitoidgerölle haben dabei ihre Form besser gewahrt. Dieser Umstand kann bis zu einem gewissen Grade als Kriterium für die Intensität der deformierenden Kräfte dienen. Die Gerölle der Sedimentgesteine sind in demselben Konglomerat (es handelt sich um ein relativ dicht gepacktes Konglomerat) so stark deformiert, daß man manchmal nur schwer Gerölle erkennen kann. Das Gestein hat dabei einen linsenförmig gebänderten oder linsenförmig-schichtigen Aufbau.

Insgesamt stellt der Charakter der Veränderung der Geröllform ein recht sicheres Kriterium für die mechanische Stabilität des Materials bei metamorphen Prozessen dar. Verallgemeinernd kann man sagen, daß die Gerölle der Eruptivgesteine und der Quarz — wie schon oben dargelegt — beim Metamorphismus, auch bei wiederholtem, am besten ihre Form bewahren. Fast genau so gut erhält sich die Geröllform von Effusiva (z. B. Porphyren, Porphyriten, Diabasen), von einigen Sedimentgesteinen (aus der Gruppe der Sandsteine) und von metamorphen Gesteinen (verschiedenartigen Gneisen, Quarziten). Am leichtesten werden Sedimentgesteine, vor allem die, die reich an tonigem Material sind, deformiert. Praktisch kann man immer nur ihre umgewandelte, meist in unterschiedlichem Maße ausgewalzte Form beobachten.

Aufmerksamkeit verdient auch die Untersuchung der Konglomerate als indirektes Merkmal für Verwitterungsprozesse. Die Konglomerate sind ein Gestein, das gleichsam die hypergenen Prozesse im Gebiet der Denudation und der Akkumulation integriert. Sie charakterisieren die Gesamtheit der Gesteine der Nährprovinz, die Differentiation des Materials beim Transport und die Einbettung des unterschiedlich stark verwitterten Materials in der Sedimentationszone. Im Konglomerat befinden sich sowohl das Ausgangsmaterial, das einer Verwitterung unterworfen war, als auch dessen Verwitterungsprodukte. Ausgangsgesteine sind unveränderte Gerölle. Verwitterungsprodukte sind feindisperses Zementmaterial, tonige und andere Zwischenschichten im Konglomerat, sowie einzelne Gerölle, die in verschiedenem Maße verwittert sind. Ein Vergleich des Verwitterungsgrads der Gerölle mit einheitlicher Zusammensetzung (man kann die Gerölle nach dem Verwitterungsgrad des Gesteins z. B. in drei Typen einteilen — in nicht verwitterte, schwach verwitterte und stark verwitterte) und des Verwitterungsgrades der Gerölle mit unterschiedlicher Zusammensetzung sowie ein Vergleich ihrer mineralogischen Besonderheiten mit der mineralogischen Zusammensetzung der feindispersen Verwitterungsprodukte (tonige und sandige Zwischenschichten, Zement u. ä.) bringt nicht nur neue Erkenntnisse über die Abtragungsgebiete und die stratigraphischen Beziehungen der Schichtserien, sondern auch über die Verwitterungsbedingungen in den Perioden der Hebung und der Sedimentation.

All diese Bildungen — sowohl die Ausgangsgesteine als auch ihre Verwitterungsprodukte — sind unterschiedlich metamorphosiert. Bei der Feststellung des Metamorphoseprozesses durch entsprechende petrologische Untersuchungen kann man mit ziemlicher Genauigkeit die ursprüngliche Zusammensetzung des Geröllmaterials, des ausfüllenden Materials und des Konglomeratzements rekonstruieren; man kann auch den ungefähren Verwitterungsgrad der Gerölle ein und desselben Gesteinstyps feststellen. Das erfordert eine genaue chemische und mineralogische Untersuchung aller die Konglomerate aufbauenden Komponenten. Die häufig in der Lithologie angewandte petrographisch-statistische Methode muß durch die Untersuchung des Verwitterungsgrads der Gerölle und des zementierenden Materials ergänzt werden.

Da die Konglomeratgerölle Zerstörungsprodukte eines Komplexes unterschiedlicher Gesteine einer Nährprovinz darstellen können, die gleichzeitig in einer Sedimentationszone angehäuft wurden, kann man einige miteinander in Wechselbeziehung stehende Bestimmungsmethoden für die Verwitterungsbedingungen bei Konglomeraten umreißen. Vor allem verdienen der Vergleich des Verwitterungsgrads der Gerölle der Ausgangsgesteine und des ausfüllenden Materials, der Vergleich des Verwitterungsgrads des Geröllgesteinsmaterials mit dem Verwitterungsgrad der darunter- oder darübergelegenen Schichtserien Aufmerksamkeit, wenn diese genetisch einer Sedimentbildungsetappe entsprechen, die einen einheitlichen Zyklus tektonischer Bewegungen im Denudationsgebiet widerspiegelt. Schließlich kann auch der Vergleich des Verwitterungsgrads der Gerölle von ein und demselben Gestein in den Konglomeraten sehr aufschlußreich sein. Arbeiten in dieser Hinsicht stehen erst noch bevor. Aber auf Grund des Materials, das bei der Untersuchung der proterozoischen Konglomerate gesammelt wurde, ergeben sich einige interessante Angaben, die die Verwitterungsbedingungen im Proterozoikum der Kolahalbinsel charakterisieren. Hier sollen einige Beobachtungen dargelegt werden.

So ist z. B. der Ablagerung der Ljawosero-Konglomerate der Kolahalbinsel eine Epoche vorangegangen, in der offensichtlich eine physikalische Verwitterung der Gesteine vorherrschte. Davon zeugen die Frische der Granitgerölle und Blöcke, ihre Ablagerung in der Nähe von Abtragungsarealen, das Vorhandensein von vorwiegend klastischem Material in der Zusammensetzung des zementierenden Materials, die Existenz solcher klastischer Reliktminerale wie Orthit und Minerale der Epidotgruppe (außer den im Prozeß des Metamorphismus neugebildeten Mineralen) u. a. Die Existenz solcher Minerale wie Biotit und Amphibol im Konglomeratzement weist auf das Vorhandensein toniger Minerale vom Montmorillonittyp im ehemaligen Sedimentgestein hin.

Die Wychtschurter Konglomerate dagegen wurden erst abgelagert, nachdem die nahe gelegenen Liefergebiete die Etappe einer tiefgreifenden kontinentalen Verwitterung mit Bildung einer weitverbreiteten Verwitterungskruste durchlaufen hatten. Darauf weisen Charakter und Zusammensetzung der Sedimentschichtserien der Wychtschurt-Stufe hin. Bei den Konglomeraten handelt es sich hier vorwiegend um Quarzkonglomerate, die zwischen Schichten von Quarzgraveliten und Quarzsandsteinen gelegen sind, die reich an tonigem, offensichtlich kaolinithaltigem Zement sind. Wahrscheinlich stellte ein Teil der angeführten Sedimente eine neuabgelagerte Verwitterungskruste dar, möglicherweise vom Laterittyp. Darauf kann man nach der Fülle von Muskovit im Zement der Konglomerate, der Gravelite und Sandsteine und nach dem Vorhandensein von Muskovitkiesel-„Fladen“ (ehemaligen Tonklumpen) im Konglomerat sowie nach den vorherrschenden Quarz- und Quarzitgeröllen schließen. Vom hohen Tonerdegehalt im Ausgangsmaterial zeugt die bedeutende Menge an porphyroblastischem Staurolith, Biotit und Granat in den Gesteinen.

In den Konglomeraten der Imandra-Warsuga-Serie findet man in unterschiedlichem Maße verwitterte Gabbro- und Gabbro-Norit-Gerölle. In einigen von ihnen blieb die ursprüngliche Struktur des Gesteins vollkommen erhalten, in anderen nur teilweise, in Form von Reliktabschnitten, in den dritten ging sie fast völlig verloren. In letzterem Fall wurde das Gestein stark serizitisiert und chloritisiert. Die Glimmer- und Hydroglimmerminerale entstanden hauptsächlich durch einen Metamorphismus der tonigen Verwitterungsprodukte unter den Bedingungen der Grünschiefer-Fazies (unter diesen Bedingungen wurden die Imandra-Warsuga-Konglomerate metamorphosiert). Offensichtlich zeugt der Zerstörungsgrad der Ausgangsgesteine in den Geröllen in Verbindung mit den geologischen Angaben davon, daß die Abtragungsquellen in der Nähe lagen, daß das Geröllmaterial schnell sedimentiert wurde und daß die Etappe der kontinentalen Verwitterung, die der Ablagerung der Sedimente der Imandra-Warsuga-Serie voranging, lange andauerte. Die transgressive Lagerung der letzteren in den verschiedenen älteren Bildungen bestätigt den geäußerten Standpunkt.

Über die Verwitterungsprozesse vergangener geologischer Epochen urteilt man meist nach der Zusammensetzung der Verwitterungskrusten. Da aber diese Bildungen nicht überall bei der Untersuchung von kontinentalen Regimen vorhanden sind, wäre es zweckmäßig, die auf der Untersuchung von Verwitterungskrusten fußenden Methoden der Paläoklimatologie durch Methoden der Untersuchung der in den Schichtserien selbst befindlichen Verwitterungsprodukte zu ergänzen. Es ist bekannt, daß der Charakter vieler Schichtserien eindeutig von der Spezifik der hypergenen Prozesse, die bei ihrer Bildung vor sich gingen (Salze, Dolomite, organogene Gesteine u. a.), Zeugnis ablegt. Die rolligen Gesteine wurden dafür bis jetzt kaum genutzt.

Die Untersuchung der Gerölle einiger Gesteine und ihrer Verwitterungsprodukte in den Konglomeraten jüngerer nichtmetamorphosierter Schichtserien könnte der Anfang für die Schaffung einer neuen Methode zur Erkenntnis der Verwitterungsprozesse sein, und zwar auf der Grundlage der Materialien, die in der Schichtserie selbst enthalten sind. Durch die Untersuchung der Mineralzusammensetzung und deren Vergleich in unterschiedlichen Fraktionen sandiger Gesteine wurde gezeigt (SIDORENKO 1955), daß die Mineralzusammensetzung feiner und grober Fraktionen in derselben sandigen Schichtserie von der Intensität der Verwitterung in der Bildungsperiode der sandigen Schichtserien abhängt. Bei intensiver Verwitterung werden die feineren sandigen Fraktionen in den sandigen Schichtserien stärker mit bei der Verwitterung beständigen Quarzkörpern angereichert als die gröberen Sandfraktionen. In den sandigen Schichtserien, die sich unter den Bedingungen einer schwachen Verwitterung gebildet haben, kann man ein umgekehrtes Bild beobachten: Die feinen Sandfraktionen werden im Vergleich zu den gröberen Fraktionen mit Körnern von bei der Verwitterung weniger beständigen Mineralen (Feldspäten, Hornblenden) angereichert.

Diese Methode kann in Anwendung auf die Konglomerate, auch die präkambrischen, genutzt und entwickelt werden. Dazu muß man eine genaue Untersuchung der petrographischen Zusammensetzung der Gerölle und ihres Verwitterungsgrads nach jedem Gesteinstyp, einen Vergleich der chemischen und lithologischen Zusammensetzung der Gerölle mit der Zusammensetzung der Ausgangsgesteine und der Zusammensetzung der Gravelite, Sandsteine und Tone (die in ihre metamorphen Analogien verwandelt wurden), welche die Konglomerate und die sie aufbauenden einzelnen Gerölle zementierten, durchführen.

Natürlich muß man die Untersuchung der Konglomerate als mögliche Merkmale für die Verwitterungsbedingungen in den Perioden ihrer Bildung als zusätzliches Mittel zur Erkenntnis der Verwitterungsprozesse betrachten, das die Untersuchung der Verwitterungskrusten nicht ersetzen kann. Aber dort, wo die Verwitterungskrusten völlig zerstört worden sind, können die Konglomerate für paläoklimatische Rekonstruktionen genutzt werden.

Die obenangeführten Gesichtspunkte werden natürlich durch etwas fragmentarische Beobachtungen begründet, da das Thema neu ist und seine eigene Spezifik hat. Allerdings muß man, wie unsere Untersuchungen zeigen, der komplexen Untersuchung der Konglomerate bedeutend mehr Aufmerksamkeit bei der Erkenntnis der Sedimentgeschichte der Entwicklung des Präkambriums widmen, als das bis jetzt getan wurde. In dieser Hinsicht sind die metamorphosierten Konglomerate ein äußerst dankbares Material.

Die Bedeutung der Konglomerate für die Erkenntnis der präkambrischen Geschichte der Schilde wird durch folgende Hauptpunkte bestimmt:

Die Konglomerate sind unter den Sedimentbildungen des Präkambriums weitverbreitete Gesteine. Sie bewahren beim Metamorphismus ziemlich gut ihr ursprüngliches Äußeres und können sogar in stark veränderten Sedimentschichtserien in der Regel gute Leithorizonte darstellen.

Die petrographische Zusammensetzung der Gesteinsgerölle, ihre Ausmaße, Form und räumliche Verteilung gestatten, zusammen mit dem allgemeinen geologischen Aufbau und den Primäraufschlüssen, ein Urteil über die Denudationsgebiete, den Charakter der Sedimentationsbecken, über das relative Alter der die Konglomerate beinhaltenden Schichtglieder und über die tektonischen Bewegungen in der Zeit der Konglomeratbildung.

Die Untersuchung des Verwitterungsgrads der Konglomerate insgesamt, ihres Zements und der Gerölle gestattet, paläoklimatische Rekonstruktionen anzustellen.

Wenn man den Metamorphismus und die Deformation der Gerölle und des Zements dieser alten Konglomerate untersucht, kann man Angaben über den Metamorphismus, der der Ablagerung der Konglomerate vorausging, und den Metamorphismus, der nach ihrer Ablagerung stattfand, erhalten; man kann so Etappen der Metamorphose rekonstruieren.

Die metamorphosierten Konglomerate darf man nicht nur als gewöhnliches geröllhaltiges Gestein, sondern von viel weiterer Sicht aus betrachten. Die metamorphosierten Konglomerate stellen die gesetzmäßige Kombination genetisch miteinander verbundener Gesteinsgerölle und Minerale dar, die den einheitlichen Denudations- und Sedimentationsprozeß widerspiegeln. Da sie in verschiedenem Maße verwittert und metamorphosiert wurden, charakterisieren sie die paläogeographischen ebenso wie auch die paläoklimatischen Bedingungen, die Sedimentbildungsetappen, die Phasen des Metamorphismus und die tektonische Entwicklung im Präkambrium.

Die Untersuchung der metamorphosierten Konglomerate kann ein umfangreiches Faktenmaterial für die Rekonstruktion der Geschichte der Sedimentationsetappe des Präkambriums ergeben.

## Literatur

BELEWZEW, JA. N., R. P. SIROSCHTAN & S. A. SKURIDIN: Über die Granitgerölle der Konglomerate der oberen Abteilung der Kriwoj-Rog-Stufe. – Dokl. AN SSSR, t. 100, Nr. 5 (1955).

BESGUBOW, A. I., JU. I. BYWSCHICH u. a.: Uran in alten Konglomeraten. – Gosatomisdat (1963).

BORISOW, S. F., & E. P. ISWEKOW: Über die Konglomerate der Lagerstätte Korobkowo der Kursker Magnetanomalie. In: Geologie und Bodenschätze der zentralen Schwarzerdegebiete. – Tr. meshoblastnowo geologitscheskowo soweschtschanija, Woronesh 1964.

BUSIKOW, A. I., & G. M. DRUGOWA: Die Konglomerate im Archäikum der Tunkonbergtundren (Östlicher Sajan-Höhenzug). – Tr. labor. geologii dokembrija AN SSSR, wyp. 9 (1960).

ELISAREW, J. S.: Die alten granitisierten Konglomerate am Fuße der Kitojskije Alpy. – Dokl. AN SSSR, t. 134, Nr. 6 (1960).

GORODOSCHNIKOW, B. I.: Neue Angaben über die Zusammensetzung der Gesteine in den abgeplatteten Bildungen des Arkosehorizonts von Krijwoj Rog. – Dokl. AN SSSR, t. 107, Nr. 6 (1956).

IPATOW, M. M., & T. I. STEPANOWA: Die Konglomerate des Östlichen Sajan und die Perspektiven ihrer Goldführung. In: Goldführende Konglomerate des südlichen Randes der Sibirischen Plattform. – Isd. nauka (1966).

KASAKOW, A. N.: Die Pseudokonglomerate des Mamsker Komplexes (Nordbaikalisches Hochland). – Tr. labor. geologii dokembrija AN SSSR, wyp. 9 (1960).

KINJAKIN, K. W.: Eine neue Stufe metamorphosierter Konglomerate im Profil der alten Schichten Selenga-Dauriens. – Kurze Mitt. wiss. Forsch.-Arb. 1960, Anl. Ber. wiss. Forsch.-Arb. 1960, Irkutsker staatl. Univ., Irkutsk 1962.

KIRILLOW, E. A.: Die Konglomerate des Stanowoj-Komplexes des nordwestlichen Teils des Tschernyschew-Höhenzugs. – Geologija i geofisika, Nr. 9 (1965).

KOTLJAR, W. N.: Alte metallführende Konglomerate. – Sowjetskaja geologija, Nr. 11 (1960).

LEONOWA, E. P.: Die polymikten Konglomerate und ihre Bedeutung in der Stratigraphie des Proterozoikums Kareliens. – Utsch. sap. Len. gos. ped. in-ta im. Gersena, t. 172 (1958).

LOBANOW, I. N.: Mineralogie und Herkunft der jatulischen Quarzkonglomerate Kareliens. – Mineral. sb. Lwowskowo geol. obschtsch., Nr. 15 (1961).

– Die jatulischen Quarzkonglomerate Kareliens und ihre Herkunft. – Isw. AN SSSR, ser. geol., Nr. 5 (1962).

– Die proterozoischen grob- bis mittelklastischen Konglomerate des Flusses Kumsa in Karelien. – Isw. wysch. utscheb. sawed., geologija i raswedka, Nr. 11 (1963).

LUNEWA, O. I.: Die präkambrischen Konglomerate der Kolahalbinsel. – Dokl. AN SSSR, t. 152, Nr. 4 (1963).

– Zusammensetzung und Quellen des Schuttmaterials der Konglomerate aus den metamorphosierten Schichten des Präkambriums der Kolahalbinsel. – Sowjetskaja geologija, Nr. 12 (1963).

MAS, W. D., & O. P. JEGOROWA: Zur Lithologie und Stratigraphie der Sand-Konglomerat-Schicht des Tschaja-Flusses (Nordbaikalisches Hochland). In: Probleme der Sedimentgeologie des Präkambriums. – Wyp. 1, isd. nauka (1966).

NEGRUSA, W. S.: Versuch einer faziellen Untersuchung der proterozoischen (jatulischen) Ablagerungen Zentralkareliens. – Sowjetskaja geologija, Nr. 7 (1963).

– Versuch einer faziellen Untersuchung der Quarzkonglomerate Kareliens. In: Probleme der Sedimentgeologie des Präkambriums. – Wyp. 1, isd. nedra (1966).

NEJELOW, A. N.: Die unterproterozoischen Konglomerate des Mittellaufs des Mama-Flusses (Nordbaikalisches Hochland). – Tr. labor. geologii dokembrija AN SSSR, wyp. 9 (1960).

NIKOLSKI, A. N.: Neue Angaben über das Präkambrium von Kriwoj Rog. – Tr. labor. geologii dokembrija AN SSSR, wyp 2 (1953).

OBRUTSCHEW, S. W.: Die metamorphosierten Konglomerate aus spindelförmigem Geröll in den Höhenzügen des Östlichen Sajan und Chamar-Daban. – Tr. labor. geologii dokembrija AN SSSR, wyp. 9 (1960).

PIENAAR, P. J.: Stratigraphy, petrology and genesis of the Elliot Group, Blend River, Ontario, including the uraniferous conglomerate. – Bull. geol. surv. Canada, vol. 83 (1963).

SAWELJEW, A. A.: Über das Alter der Konglomerat-Sandstein- und Karbonatablagerungen des Nordhangs des Östlichen Sajan-Höhenzuges. – Sb. statej molodych nautsch. sotr. Len. geol. Utschreshdenii AN SSSR, wyp. 1 (1958).

SIDORENKO, A. W.: Zur Frage der Verbindung der mineralogischen und mechanischen Zusammensetzung der Sande. – Dokl. AN SSSR, t. 100, Nr. 5 (1955).

– Probleme der Sedimentgeologie des Präkambriums. – Sowjetskaja geologija, Nr. 4 (1963).

– Die Untersuchung des Präkambriums – eine äußerst wichtige Aufgabe der modernen Geologie. – Westn. AN SSSR, Nr. 10 (1965).

SIDORENKO, A. W., & O. I. LUNEWA: Über die gebänderten Texturen in den metamorphosierten Schichten der Kolahalbinsel. – Dokl. AN SSSR, t. 118, Nr. 1 (1958).

STRYGIN, A. I., & W. N. KOBSAR: Die Konglomerate im Zentralteil des Ukrainischen Schildes. – Dokl. AN SSSR, t. 146, Nr. 2 (1962).

STRYGIN, A. I., W. N. KOBSAR & L. P. KASAKOW: Grob- bis mittelklastisches Material in den Teterew-Gneisen (Ukrainischer Schild). – Dokl. AN SSSR, t. 158, Nr. 3 (1964).

TIMTSCHENKO, I. P.: Die proterozoischen Quarzite und Quarzitsandsteine Zentral- und Südkareliens. – Tr. in-ta geol. nauk, AN SSSR, petrograf. serija, wyp. 122, Nr. 37 (1950).

# Die gesteinstechnischen Eigenschaften der Augitporphyrite und Quarzporphyre der Flechtinger Scholle[1]

WALTER STEINER, Weimar

## 1. Einleitung

Die Hartgesteine der Flechtinger Scholle besitzen infolge ihrer nördlichsten Position innerhalb der DDR sowie ihrer günstigen verkehrstechnischen Lage (Eisenbahnanschluß, Lage am Mittellandkanal, Nähe der Elbe) eine große Bedeutung für die Versorgung der nördlichen Bezirke mit Brecherprodukten. Aus diesem Grunde haben sich aus kleinen bis mittelgroßen Steinbruchbetrieben nach 1945 einige Großbetriebe entwickelt (zur Geschichte der Steinindustrie s. W. LINDEKAMM 1966). Es sind dies die Betriebsabteilungen Dönstedt (ehem. Kuckucksberg), Eiche, Bodendorf und Flechtingen des VEB Steinwerke Haldensleben (Abb. 1, links unten). Die durchgeführten und noch geplanten Betriebserweiterungen machten geologisch-gesteinstechnische Erkundungsarbeiten notwendig. Die geologischen Sucharbeiten begannen mit eingehenden Steinbruchdokumentationen (z. B. W. STEINER & K. ROST 1962). Mit umfangreichen Kernbohrprogrammen wurden sie fortgesetzt (VEB Geologische Forschung und Erkundung, Halle, seit 1964 Objektbearbeiterin Dipl.-Min. L. EISENÄCHER). Vom VEB Steinwerke Haldensleben wurde 1965 das ehemalige Institut für Geologie und Technische Gesteinskunde (jetzt Arbeitsgruppe Baugeologie) der Hochschule für Architektur und Bauwesen, Weimar, mit der Durchführung umfangreicher gesteinstechnischer Untersuchungen in den vier Werksabteilungen beauftragt. Diese Arbeiten wurden von 1965 bis 1967 vom Verf. unter Mitwirkung von Frau Dipl.-Ing. B. BLUME und Herrn Dipl.-Ing. H. J. HEGNER durchgeführt (W. STEINER 1966, H. J. HEGNER 1966, B. BLUME 1966 u. 1967).

Da diese Hartgesteinsvorkommen noch immer im Blickpunkt ökonomischer und baugeologischer Er-

Eingang des Manuskripts in der Redaktion: 15. 12. 1969.

[1]) Diese Veröffentlichung ist Teil einer noch nicht abgeschlossenen größeren Arbeit über die gesteinstechnischen Untersuchungen an Lagerstätten der Steine und Erden des Bezirks Magdeburg. Die Veröffentlichung erfolgt mit Genehmigung des Wissenschaftlichen Rates der Hochschule für Architektur und Bauwesen, Weimar.

Zeitschrift für angewandte Geologie, Bd. 16 (1970), Heft 6

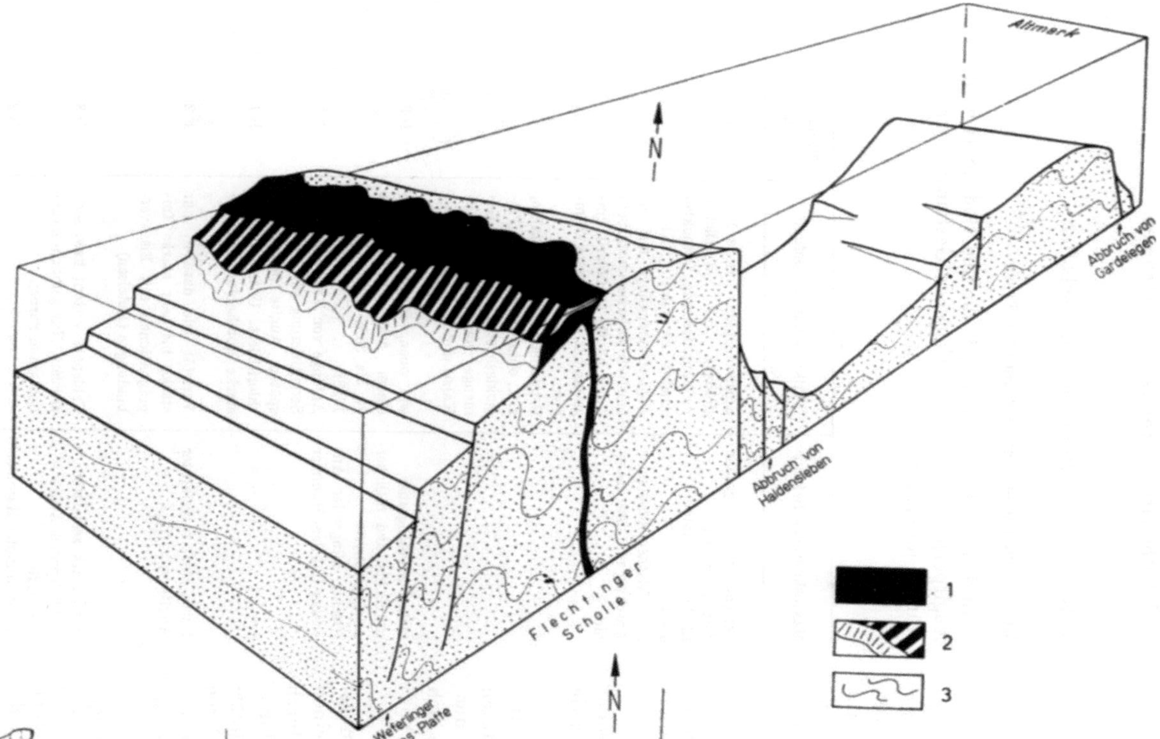


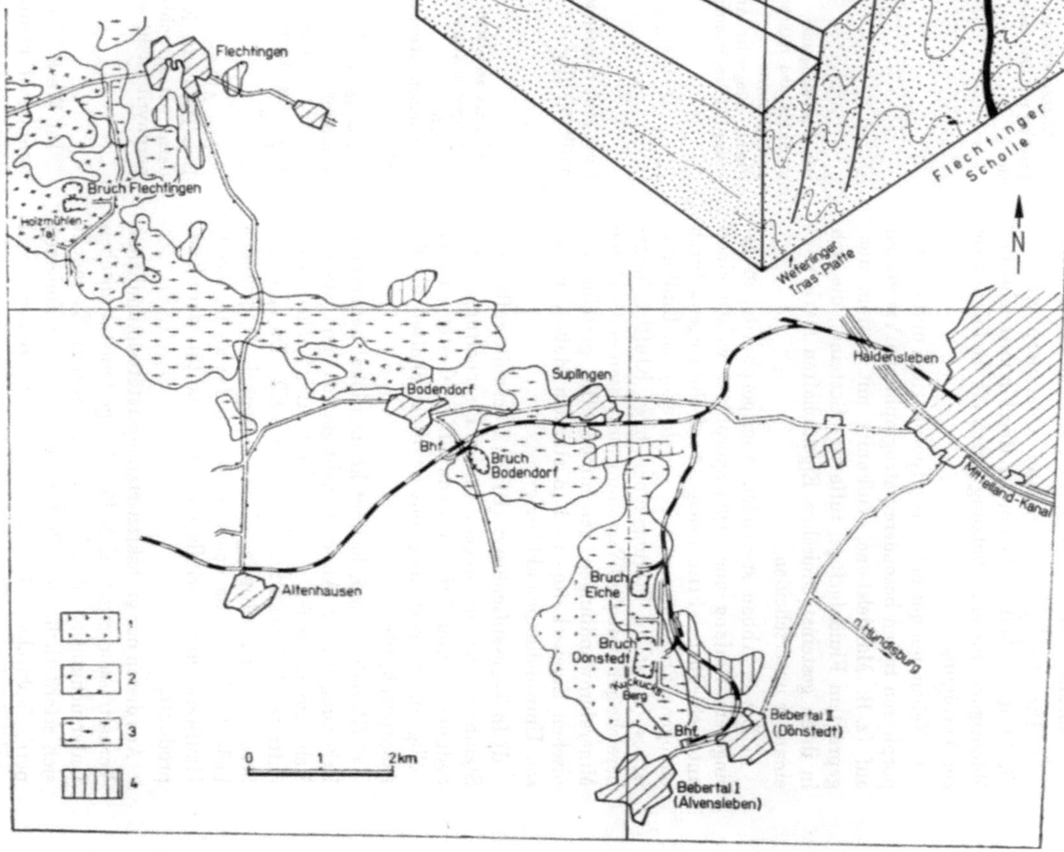


Abb. 1. Geologische Situation der in den Steinwerken Haldensleben in Abbau stehenden Eruptiva der Flechtinger Scholle

oben links: Lage der Flechtinger Scholle innerhalb der DDR

1 – Schollengrenzen

oben rechts: Schematischer Bauplan der Flechtinger Scholle (Ausschnitt, ohne Maßstab) nach A. SCHREIBER 1960, G. SCHULZE 1964

1 – Eruptiva des Permosiles (an der Oberfläche und im Anschnitt); 2 – Eruptiva des Permosiles im Raumbild (vermutlich an altangelegte herzynische Störungselemente im Bereich und an das Streichen der heutigen Hochscholle gebunden, z. T. abgedeckt); 3 – präpermisches Grundgebirge im Tagesausstrich der Flechtinger Scholle. Unterkarbon (Kulm)

unten rechts: Lage der Steinbrüche des VEB Steinwerke Haldensleben (Geologie nach geologischen Spezialkarten)

Permosiles: 1 – Porphyrtuffe, 2 – Quarzporphyr, 3 – Augitporphyrit; Unterkarbon/Kulm: 4 – Grauwacken, Tonschiefer örterungen stehen, sollen die Ergebnisse dieser Untersuchungsperiode in einer Zusammenfassung vorgelegt werden.

## 2. Geologische Situation und lagerstättenkundliche Verhältnisse

Die Flechtingen—Roßlauer Scholle ist ein schmaler, etwa 40 km langer Streifen, in dem Gesteine des Karbons und des Rotliegenden zutage treten. Regionalgeologisch betrachtet stellt diese Scholle die nördlichste Heraushebung alter paläozoischer Gesteine im Raum der DDR dar (Abb. 1, links oben und Mitte). Die geologischen Verhältnisse dieses Gebietes sind eingehend erforscht (F. KLOCKMANN 1892, J. WEIGELT 1929, H. BECK 1935, A. SCHREIBER 1960, F. REUTER 1964, letzte Zusammenfassung K. WÄCHTER 1965). Auf Abb. 2 (Mitte) ist das Profil des Permosiles der Flechtinger Scholle zeichnerisch dargestellt. Die untersuchten Aufschlüsse der Steinwerke sind in das Profil eingehängt (Abb. 2, links und rechts).

Die lagerstättenkundlichen Verhältnisse in den vier Betriebsabteilungen des VEB Steinwerke Haldensleben sind zusammenfassend wie folgt zu charakterisieren:

a) Die Augitporphyrite und Quarzporphyre der Flechtinger Scholle stehen in der Regel in ausreichender Mächtigkeit für eine Nutzung durch die Steinindustrie zur Verfügung.

b) Neben den normalen Augitporphyriten und Quarzporphyren treten besondere petrographische Varietäten auf (z. B. Mandelsteine, Vulkanite mit extrem ausgeprägtem Fluidalgefüge, tuffartige Gesteine), die sich in ihren gesteinstechnischen Eigenschaften stark voneinander unterscheiden.

c) Die in Abbau stehenden Augitporphyrite, in geringerem Umfang auch Quarzporphyre, weisen einen unterschiedlichen Frischheitsgrad auf. Vorwiegend durch endogene Prozesse, nur z. T. durch exogene Einflüsse, ist es (meist an Störungszonen bzw. Klufthäufungsbereiche gebunden) zu Vertonungsprozessen und anderen Mineralumwandlungen gekommen. Die gesteinstechnischen Eigenschaften sind in starkem Maße von diesen Umwandlungen abhängig.

d) In Tagesaufschlüssen (Bruch Dönstedt, auflässiger Steinbruch bei Süpplingen) wurden Einschaltungen von Sedimenten und Tuffen bekannt. Diese Gesteine haben völlig andere gesteinstechnische Eigenschaften als die Augitporphyrite.

e) Glazialgenetisch bedingt können lokal bedeutende Erhöhungen der Abraummächtigkeiten mit starken Reliefunterschieden zwischen Fest- und Lockergestein auftreten (W. STEINER & K. ROST 1962). Da eine saubere Abraumbeseitigung oft nicht möglich ist, gelangen bedeutende Anteile von Feinkorn in das zu fördernde Haufwerk und beeinflussen die Qualität der Endprodukte.

Aus diesen nur grobskizzierten lagerstättenkundlichen Verhältnissen ergab sich für die gesteinstechnischen Untersuchungen folgende Schlußfolgerung: Es macht sich erforderlich, diese Prüfungen an exakt definierten petrographischen Varietäten bzw. Gesteinsmaterial unterschiedlichen Zersetzungsgrades vorzunehmen (W. STEINER 1966, Fortführung im Rahmen der gesamten DDR durch P. LANGE seit 1969). Nur dann wird es möglich sein, im laufenden Produktionsprozeß die gesteinstechnischen Eigenschaften der Endprodukte richtig zu beurteilen bzw. für bestimmte Endprodukte mit geforderten Kennwerten eine bewußte Steuerung des Abbau- und Aufbereitungsprozesses vorzunehmen.

## 3. Die gesteinstechnischen Eigenschaften

### 3.1. Die untersuchten petrographischen Typen

In den Werken Dönstedt, Eiche und Bodendorf wird Augitporphyrit abgebaut. Folgende Gesteinsvarietäten wurden untersucht:

| Makroskopischer Befund | Mikroskopischer Befund | Probenbezeichnung |
|---|---|---|
| extrem frischer grauer Augitporphyrit (2. Sohle Dönstedt 1965/66) sehr frischer klingender Anschlag mit dem Hammer | Einsprenglinge: frische Plagioklase mit deutlicher Zwillingsstreifung. Orthoklas scheint zu fehlen. Kleine Augiteinsprenglinge mit intensiven Polarisationsfarben. Augit häufig in Chlorit umgewandelt, vereinzelte Glimmer. Grundmasse: Holokristallin, z. T. ophitisches Gefüge. Plagioklasleisten in einem Gemenge von Chlorit, Augit, Kalzit und Eisenerz | D 1 |
| fester grünlichgrauer, grünlicher und rötlicher Augitporphyrit frischer klingender Anschlag mit dem Hammer | wie oben, Plagioklase mit einem Anorthitgehalt von 25 bis 30% (nach GRÜGER 1958). Anfänge von Vertonung und Serizitisierung bei den Feldspäten. Augite fast immer chloritisiert. Unterschiedlich starke Roteisenimprägnation | D 2<br>E 1<br>B 1 |
| fester, stark rotgefärbter Augitporphyrit | Varietät wie darüber, nur starke bis sehr starke Imprägnationen mit Eisenverbindungen (Roteisen) | E 2 |
| mittelstark zersetzter gelblichgrauer Augitporphyrit leicht dumpfer Hammeranschlag | Feldspäte vertont bzw. serizitisiert. Nur gelblich-bräunlich-graue Farben | D 3<br>B 2 |
| stark zersetzter gelblicher Augitporphyrit mit sehr dumpfem Hammeranschlag leicht zu zerstören | vollständige Zersetzung aller Feldspäte und Augite | D 4<br>B 3 |

Die Abkürzungen der Probenbezeichnungen bedeuten: D = Dönstedt, E = Eiche und B = Bodendorf. Eine moderne petrographische Untersuchung der zersetzten Augitporphyrite steht aus.

Im Werk Flechtingen wird ein Quarzporphyr (sogenannter Mühlenberg-Porphyr) abgebaut. Folgende Gesteinsvarietäten wurden untersucht:

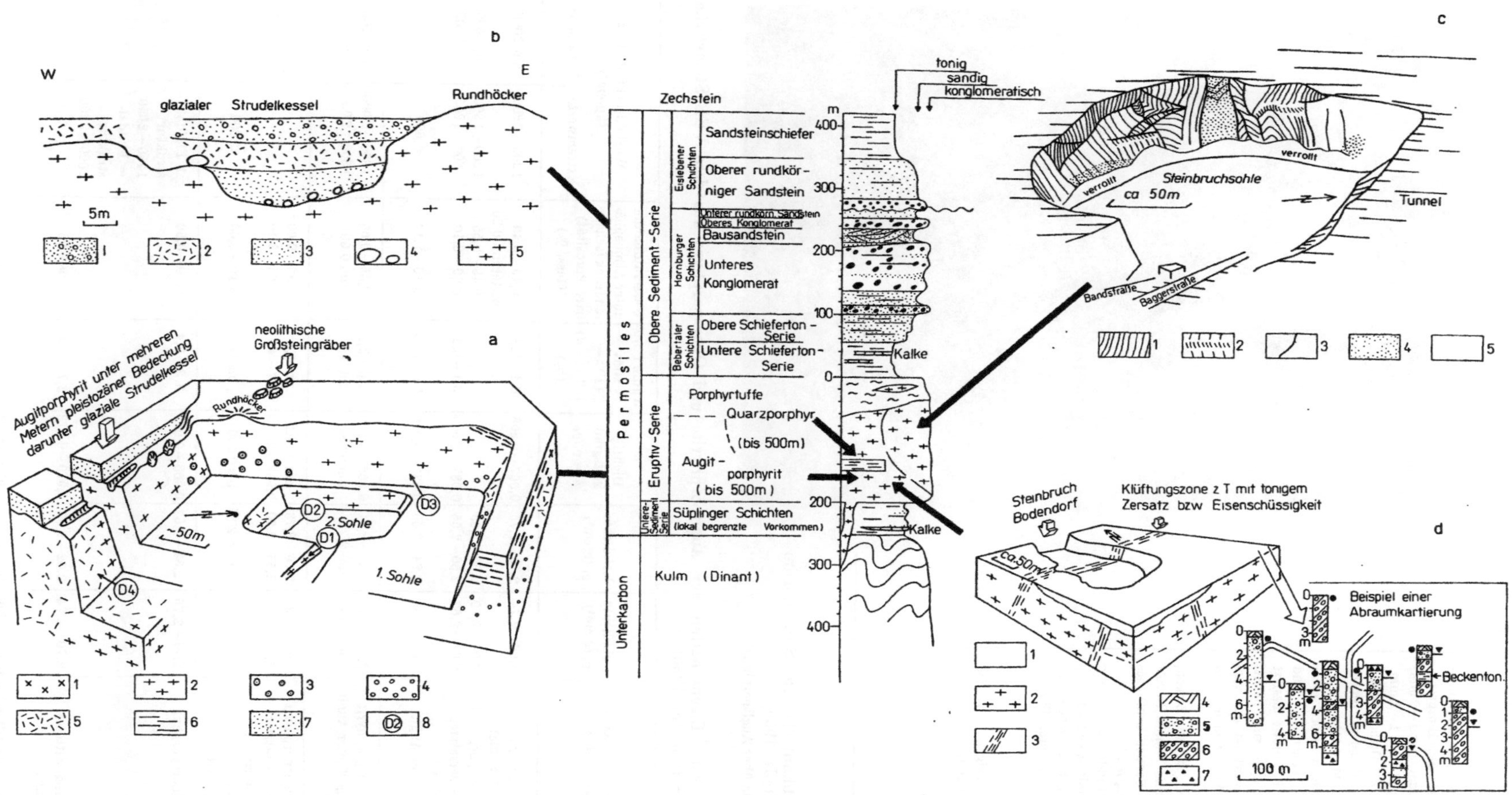


**Abb. 2.** Profil des Permosiles der Flechtinger Scholle, Mitte; (nach A. Schreiber 1960 und H. J. Paech 1969) und Skizzen zur geologischen Situation in den einzelnen Steinbrüchen des VEB Steinwerke Haldensleben (links und rechts / a—d)

a) Schematisches Blockbild des Steinbruches Dönstedt

1 — grauer frischer Augitporphyrit, 2 — rötlicher und roter Augitporphyrit, 3 — rötlicher Augitporphyrit mit zentimeter- bis dezimetergroßen Mineraldrusen, 4 — rötlicher Augitporphyrit-Mandelstein, größtenteils offene Drusenräume; 5 — gelbliche, stark bis sehr stark zersetzte Augitporphyrite; 6 — Tuffe, und Tuffite, Schluff- und Tonsteine; 7 — pleistozäne Lockersedimente (Geschiebemergel, Geschiebesande, Porphyritschutt); 8 — Probennahmestellen

b) Beispiel der Deckgebirgsausbildung im Bruch Eiche

1 — Mittelsand mit Geschieben, 2 — Geschiebemergel, 3 — Mittelsand, feinsandig, z. T. ziegelrot; 4 — Mahlsteine, meist nordisches Material; 5 — Augitporphyrit

c) Bruch Flechtingen I. Lager der Störungen und Absonderungsflächen im Quarzporphyr (nach Aufnahmen von B. Blume und W. Steiner)

1 — Klüftung, 2 — Ruschelzonen mit stark verwittertem Gestein, 3 — Verwerfungen, 4 — grauer frischer Quarzporphyr, 5 — rötlicher, rotbrauner bis roter Quarzporphyr

d) Schematisches Blockbild der geologischen Situation Bruch Bodendorf (Abraumkartierung nach R. Kühne, Unterlagen der Steinwerke Haldensleben)

1 — Abraum, 2 — Augitporphyrit, 3 — Klufthäufungszonen, z. T. mit tonigem Zersatz; 4 — Bodenbildung, 5 — Fein- bis Mittelsand mit Kiesen (Quarz, Feuerstein, kristalliner Quarz), Schmelzwassersande; 6 — Geschiebemergel; 7 — Augitporphyritschutt in sandiger Matrix

| Makroskopischer Befund | Mikroskopischer Befund | Probenbezeichnung |
|---|---|---|
| frischer grauer Quarzporphyr, meist deutliche Fluidalstruktur | in einer meist mikrogranitischen Grundmasse Einsprenglinge von Quarz (um 1 – 2 mm) und Feldspat (um 1 – 2 mm, max. 3 mm) – Orthoklas und Plagioklas, daneben Biotit, Granat und Magnetit Quarze zeigen Korrosionskavernen, Feldspäte sind meist frisch. Biotit besitzt Umwandlungen zu Chlorit. Bemerkenswert ist das vereinzelte Vorkommen von Granat. Akzessorien: Apatit, Zirkon, Magnetit und Titanit. In rotgefärbten Partien deutliches Roteisenpigment Dichte Grundmasseschlieren zeigen Fluidaltextur an. Zwischenstufe zwischen linearer und laminarer Fluidaltextur | F 1 |
| schwach angewitterter Quarzporphyr gelbliche Farbtönungen, z. T. rötlich | Feldspäte zeigen Umwandlungserscheinungen. | F 2 |

Abb. 3. Die geologische und abbautechnische Situation im Bruch Dönstedt (1969)

T = Tuffe und Sedimente über Augitporphyrit

Tab. 1, Teil 1. Gesteinstechnische Eigenschaften der Augitporphyrite und Quarzporphyre aus dem VEB Steinwerke Haldensleben (Probenentnahme 1965 und 1966)

| Werk | Probenbezeichnung | Petrographische Kurzcharakteristik | Reindichte $\varrho_2$ (g/cm³) | Rohdichte $\varrho_1$ (g/cm³) | Dichtigkeitsgrad $d = \varrho_1/\varrho_2$ | Wahre Porosität ($P$) = 100 (1 – $d$) (%) | Wasseraufnahme unter Atmosphärendruck (scheinbare Porosität) (Mass.-%) | Würfeldruckfestigkeit (kp/cm²) | |
|---|---|---|---|---|---|---|---|---|---|
| | | | | | | | | Extremwerte | Mittelwert |
| Dönstedt (Kuckucksberg) | $D_1$ | extrem frischer Augitporphyrit (2. Sohle) | 2,66 – 2,74 | 2,65 – 2,75 | 0,967 – 0,998 | 0,1 – 3.3 | 0,16 – 0,40 Mittel um 0,20 | 1900 – 2200[1]) | um 2000 |
| | $D_2$ | frischer Augitporphyrit | 2,66 – 2,69 | 2,50 – 2,65 | | | 0,45 – 0,55 | 1200 – 1900 | um 1600 |
| | $D_3$ | mittelstark zersetzter Augitporphyrit | 2,62 – 2,67 | 2,50 – 2,55 | 0,937 – 0,969 | 3,1 – 6,3 | 0,60 – 3,10 | 600 – 1200 | um 1000 |
| | $D_4$ | stark zersetzter Augitporphyrit | 2,62 – 2,65 | 2,24 – 2,60 | 0,937 – 0,956 | 6,3 – 14.4 | 3,10 – 7,10 | < 600 | |
| Eiche | $E_1$ | frischer Augitporphyrit | 2,70 – 2,75 | 2,62 – 2,71 | 0,965 – 0,990 | 1,0 – 3,5 | 0,35 – 0,65 | 1300 – 2000[1]) | um 1700 |
| | $E_2$ | sekundär geröteter Augitporphyrit | um 2,74 | um 2,72 | um 0,987 | um 1,3 | um 0,60 | 1300 – 2000 | um 1700 |
| Bodendorf | $B_1$ | frischer Augitporphyrit | um 2,73 | 2,70 – 2,73 | um 0,992 | um 0,8 | 0,30 – 0,60 | | |
| | $B_2$ | mittelstark zersetzter Augitporphyrit | 2,67 – 2,72 | 2,55 – 2,70 | 0,953 – 0,993 | 0,7 – 4,7 | 0,60 – 3,10 | – | um 1000 |
| | $B_3$ | stark zersetzter Augitporphyrit | – | z. T. < 2,55 | bis 0,900 | bis 10 | 3,10 – 6,00 | < 600 | |
| Flechtingen | $F_1$ | frischer Quarzporphyr | 2,74 – 2,76 | 2,63 – 2,67 | 0,966 – 0,967 | 3,3 – 3,4 | 0,20 – 0,50 | ⊥ Fluidalstruktur 1750 – 2050 = Fluidalstruktur 1000 – 2300 | |
| | $F_2$ | schwach angewitterter Quarzporphyr | 2,70 – 2,74 | 2,62 – 2,67 | 0,970 – 0,973 | 2,7 – 3,0 | bis 0,95 | – | – |

[1]) An idealen Probenkörpern wurden sehr selten Einzelwerte bis etwa 3000 kp/cm² ermittelt.

Tab. 1. Teil 2 (Probeentnahme 1965 und 1966)

| Werk und Proben-bezeichnung[3]) | Biegezugfestigkeit (kp/cm²) | Widerstand gegen Druck bei 11 Mp an 0,7 l Splitt 8–12,5 mm ø Durchgang in (Masse-%)[2]) | | | | | | Druckzertrümmerungsgrad $Z_1$ Splitt 8–12,5 mm | Druckzertrümmerungsgrad $Z_2$ Splitt 8–12,5 mm (nach Frost-Tau-Wechsel) | Umhüllungsgrad zu Bitumen in (%) (nach TGL 20801) | | | |
|---|---|---|---|---|---|---|---|---|---|---|---|---|---|
| | | vor Frostversuch | | | nach Frostversuch | | | | | B 200 | | Verschnittbitumen | |
| | | 2 mm | 5 mm | 8 mm | 2 mm | 5 mm | 8 mm | | | gewaschen | ungewaschen | gewaschen | ungewaschen |
| $D_1$ | 350–450 | 3 | 11–12 | um 32 | 4 | 13–16 | 41–50 | 0,48 | 0,66 | 95 | 95 | 95 | 92 |
| $D_2$ | 200–350 | – | – | – | – | – | – | um 0,5[1]) | um 0,7[1]) | – | – | – | – |
| $D_3$ | 150–200 | 4–5 | 12–15 | 33–35 | 4–5 | 12–19 | 34–50 | 0,52–0,55 | 0,56–0,65 | 85 | 80 | 60–80 | 60–70 |
| $D_4$ | <150 | um 6 | 17–19 | 38–43 | 8–12 | 17–19 | 42–55 | 0,67–0,69 | 0,77–0,94 | 70–80 | 70 | 40–50 | 30–40 |
| $E_1$ | 200–400 meist um 290 | 2–3 | 8–12 | 18–32 | 3–4 | 11–13 | 37–43 | 0,30–0,50 | 0,56–0,60 | 90–95 | 90 | 85 | 75–80 |
| $E_2$ | 200–400 meist um 290 | 2–3 | 8–9 | 22–27 | 2–3 | 9–11 | 38–40 | um 0,40 | um 0,50 | 95 | 95 | 85 | 75 |
| $B_1$ | 200–350 | um 2 | 6–7 | 16–20 | 2–3 | 8–9 | 26–27 | um 0,27 | um 0,40 | 90 | 90 | 75 | 75 |
| $B_2$ | 150–200 | 2–4 | 8–11 | 22–26 | 3–5 | 10–14 | 34–39 | 0,35–0,40 | 0,50–0,60 | 70–90 | 70–90 | 70–75 | 65–70 |
| $B_3$ | <150 | – | – | – | – | – | – | um 0,60[1]) | um 0,80[1]) | – | – | – | – |
| $F_1$ | ⊥ Fluidalstruktur 260–280 | 3–5 | 11–13 | 24–32 | 5–6 | 13–16 | 29–36 | 0,43–0,47 | 0,56–0,58 | 80–90 | 70–80 | 75–80 | 70–75 |
| $F_2$ | = Fluidalstruktur 150–250 | 5–8 | 15–20 | 30–41 | 7–11 | 19–24 | 41–47 | 0,60–0,70 | 0,70–0,90 | 70–80 | 60–70 | 60–75 | 60–65 |

[1]) geschätzt, [2]) Probeentnahme 1966 (B. BLUME 1967). Untersuchungen aus dem Jahre 1965 erhalten z. T. beträchtlich höhere (bis über 10%) Durchgänge (B. BLUME 1966, H. J. HEGNER 1966 und W. STEINER 1966), [3]) D = Werk Dönstedt, E = Werk Eiche, B = Werk Bodendorf, F = Werk Flechtingen; entsprechend Spalte 1 und 2 des Teiles 1 der Tab. 1.

**3.2. Die gesteinstechnischen Eigenschaften**

Die nach den TGL-Vorschriften (siehe Verzeichnis der Standards) ermittelten gesteinstechnischen Eigenschaften der Augitporphyrite und Quarzporphyre der Flechtinger Scholle sind auf Tab. 1 zusammengefaßt dargestellt. Einige Eigenschaftsgruppen sollen hinsichtlich der Bewertung der Gesteine besonders betrachtet werden.

Frostbeständigkeit

Die Frostbeständigkeit des Materials — für die Verwendung zu Bahn- und Straßenschotter besonders wichtig — wird am einfachsten durch die Wasseraufnahmefähigkeit unter Atmosphärendruck beurteilt. Bei diesem Prüfverfahren zeigen die frischen Gesteine in der Regel Wasseraufnahmen unter 0,5%. Diese Gesteine sind frostsicher, wie auch durch praktische Frostversuche untermauert wurde (Abb. 6). Bei den zersetzten Gesteinen, die nach den durchgeführten Prüfungen auch geringere Rohdichten besitzen, steigen die Werte der Wasseraufnahme bei normalem Druck bis auf 7% an (Abb. 5). Derartige Gesteine sind für Bahn- und Straßenschotter nicht zu verwenden (Abb. 6).

Festigkeitseigenschaften

Die Festigkeitseigenschaften sind bei den frischen Gesteinen stets ausreichend. Mit abnehmender Rohdichte, d. h. mit zunehmender Zersetzung, sinkt die

Abb. 4. Die geologische Situation im Bruch Flechtingen. Enge Plattung des Quarzporphyrs

Druckfestigkeit ab (Abb. 7). Bei den stark ze setzten Gesteinen verringert sich z. B. die Würfeldruckfestigkeit (4 × 4 × 4 cm) auf Werte unter 600 kp/cm². Die Untersuchungen im Drucktopf (nach KdT-Empfehlungen des Zentralen Fachausschusses Straßenwesen 1967, SW 16 — Bl. 2, ausgeführt vor und nach praktischem Frostversuch nach TGL 11363 Bl. 2) sowie die ermittelten Werte der Biegezugfestigkeit zeigen die gleiche Tendenz. Die Schlagfestigkeit wurde in einer Kugelmühle geprüft, die der von H. KUNATH (1966 und 1967) empfohlenen Los-Angeles-Trommel in den Abmessungen und der Kugelbestückung angenähert wurde. Die Werte sind zwar nicht mit den von KUNATH (1966) angegebenen direkt zu vergleichen (deshalb hier nicht publiziert), jedoch kann die Schlagfestigkeit der frischen Gesteine als ausreichend beurteilt werden.

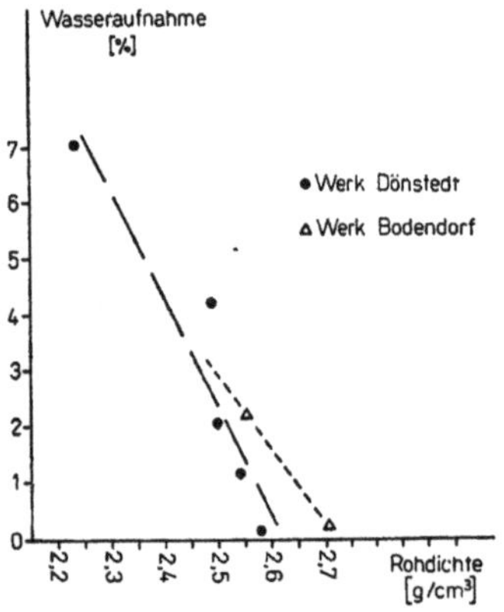


Abb. 5. Die Wasseraufnahme unter normalem Druck in Abhängigkeit von der Rohdichte an Proben aus Werk Dönstedt und Werk Bodendorf (ob gerade oder nichtlineare Funktion muß auf Grund der geringen Punktzahl offenbleiben)

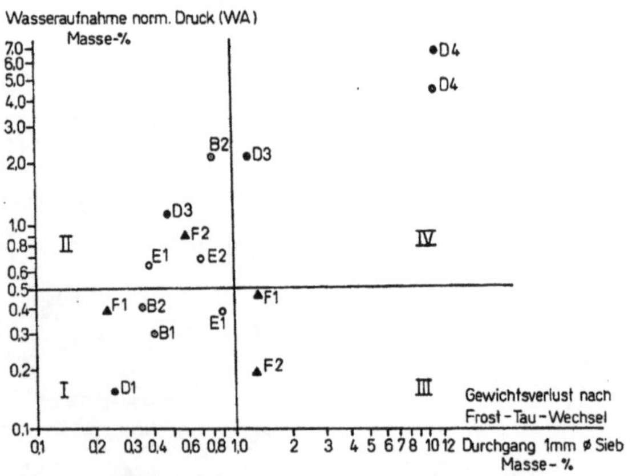


Abb. 6. Die Abhängigkeit zwischen Wasseraufnahmefähigkeit und dem Gewichtsverlust nach Frost-Tau-Wechsel mit Bereichen der Frostbeständigkeit

Dargestellt sind Proben aus den Steinwerken Haldensleben: D — Dönstedt, E — Eiche, B — Bodendorf und F — Flechtingen (nach Meßreihen von B. BLUME 1966 und H. J. HEGNER 1966)

I — nach Wasseraufnahmefähigkeit und Frost-Tau-Wechsel frostbeständig, II — nach Wasseraufnahmefähigkeit nicht frostbeständig, III — nach Frost-Tau-Wechsel nicht frostbeständig, IV — nach Wasseraufnahmefähigkeit und Frost-Tau-Wechsel nicht frostbeständig

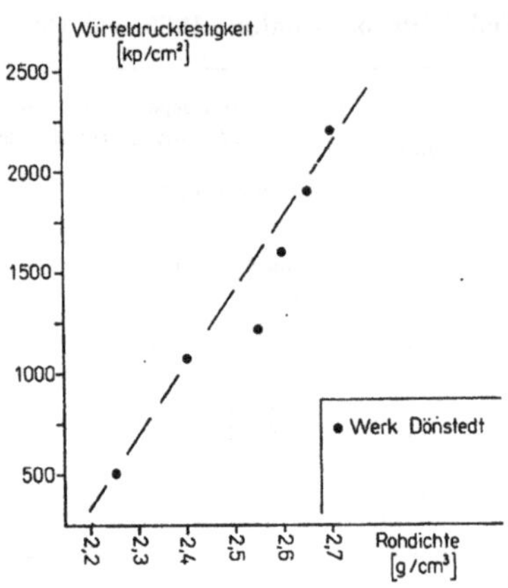


Abb. 7. Die Würfeldruckfestigkeit in Abhängigkeit von der Rohdichte an Proben aus Werk Dönstedt (ob gerade oder nichtlineare Funktion muß auf Grund der geringen Punktzahl offenbleiben)

### Haftfähigkeit zu Bindemitteln

Der Grad der Zersetzung beeinflußt auch stark die Haftfähigkeit zu bituminösen Bindemitteln. Bei stark zersetzten Gesteinen sinkt der Umhüllungsgrad mit dem Bindemittel B 200 auf 60—70% ab, mit Verschnittbitumen Bit 50 auf 30—40%. Das frische Gestein besitzt ausreichende bis gute Haftfähigkeit zu bituminösen Bindemitteln. Gleiche Tendenzen scheinen hier nicht näher erläuterte Testversuche zur Ermittlung der Haftfähigkeit der Augitporphyrite und Quarzporphyre zu hydraulischen Bindemitteln (Druckfestigkeit an Betonwürfeln mit Zuschlagstoffen definierter Korngröße und Kornform) anzuzeigen.

### Kornform

Ein weiteres Merkmal ist die Kornform, die einerseits von aufbereitungstechnischen Bedingungen und andererseits von stofflichen Eigenschaften, wie Klüftigkeit, Fluidalgefüge usw., abhängt. Aus den vier Werksteilen wurden jeweils die Fraktionen 8—12,5; 12,5—25 und 35—80 mm aus der laufenden Produktion sowie die Knäpper im Bruch nach der Methode von ZINGG (1933) (Erfassung aller 3 Korndimensionen) vermessen. Die Ergebnisse werden zusammen mit den Meßwerten nach TGL 9928 in Tab. 2 zahlenmäßig und in Abb. 8—11 graphisch dargestellt.

Zusammenfassend kann festgestellt werden: In allen Fraktionen tritt ein hoher Anteil an fehlförmigen Körnern auf. In den feineren Fraktionen steigt in der Regel der fehlförmige Anteil an. Beim Augitporphyrit, wo plattige Klüftung nur selten auftritt und Regelungsgefüge weitgehend fehlen, scheint die Ursache hauptsächlich in einem verfahrenstechnisch nicht optimal gestalteten Brechprozeß zu liegen.

Abb. 8. Darstellung von Kornformmessungen an Brecherprodukten des Augitporphyrits aus Werk Dönstedt im ZINGGschen Quadrat

Schraffierter Bereich — Fehlkornanteil nach TGL 9928 (nach Messungen von B. BLUME 1966)

Tab. 2. Kornformmessungen an Brecherprodukten des VEB Steinwerke Haldensleben (1965) (s. Abb. 9–11)

| | Brecherprodukte Fraktion in mm | Anteile an den Formengruppen nach ZINGG in % | | | | Fehlkorn nach TGL 9928 in % |
|---|---|---|---|---|---|---|
| | | I plattig | II kubisch | III flachstenglig | IV stenglig | |
| Werk Dönstedt | 8/12,5 | 34 | 8 | 36 | 22 | um 50 |
| | 12,5/25 | 35 | 12 | 29 | 24 | um 37 |
| | 35,5/80 | 39 | 19 | 15 | 27 | um 16 |
| | Knäpper | (31) | (38) | (0) | (31) | (–) |
| Werk Eiche | 8/12,5 | 41 | 9 | 30 | 30 | um 65 |
| | 12,5/25 | 42 | 8 | 35 | 15 | um 50 |
| | 35,5/80 | 33 | 24 | 9 | 33 | 10–15 |
| Werk Bodendorf | 5/8 | 40 | 16 | 26 | 18 | um 47 |
| | 8/12,5 | 30 | 14 | 37 | 19 | um 53 |
| | 12,5/25 | 40 | 15 | 21 | 20 | um 41 |
| | 35,5/80 | 31 | 26 | 15 | 28 | um 21 |
| | Knäpper | (35) | (27) | (16) | (22) | (um 16) |
| Werk Flechtingen | 12,5/25 | 31 | 16 | 32 | 21 | um 46 |
| | 25/56 | 31 | 21 | 18 | 30 | um 25 |
| | Knäpper | (41) | (26) | (15) | (18) | (um 33) |

Den Zahlenwerten in Klammern liegen nur wenige Messungen (unter 50) zugrunde.

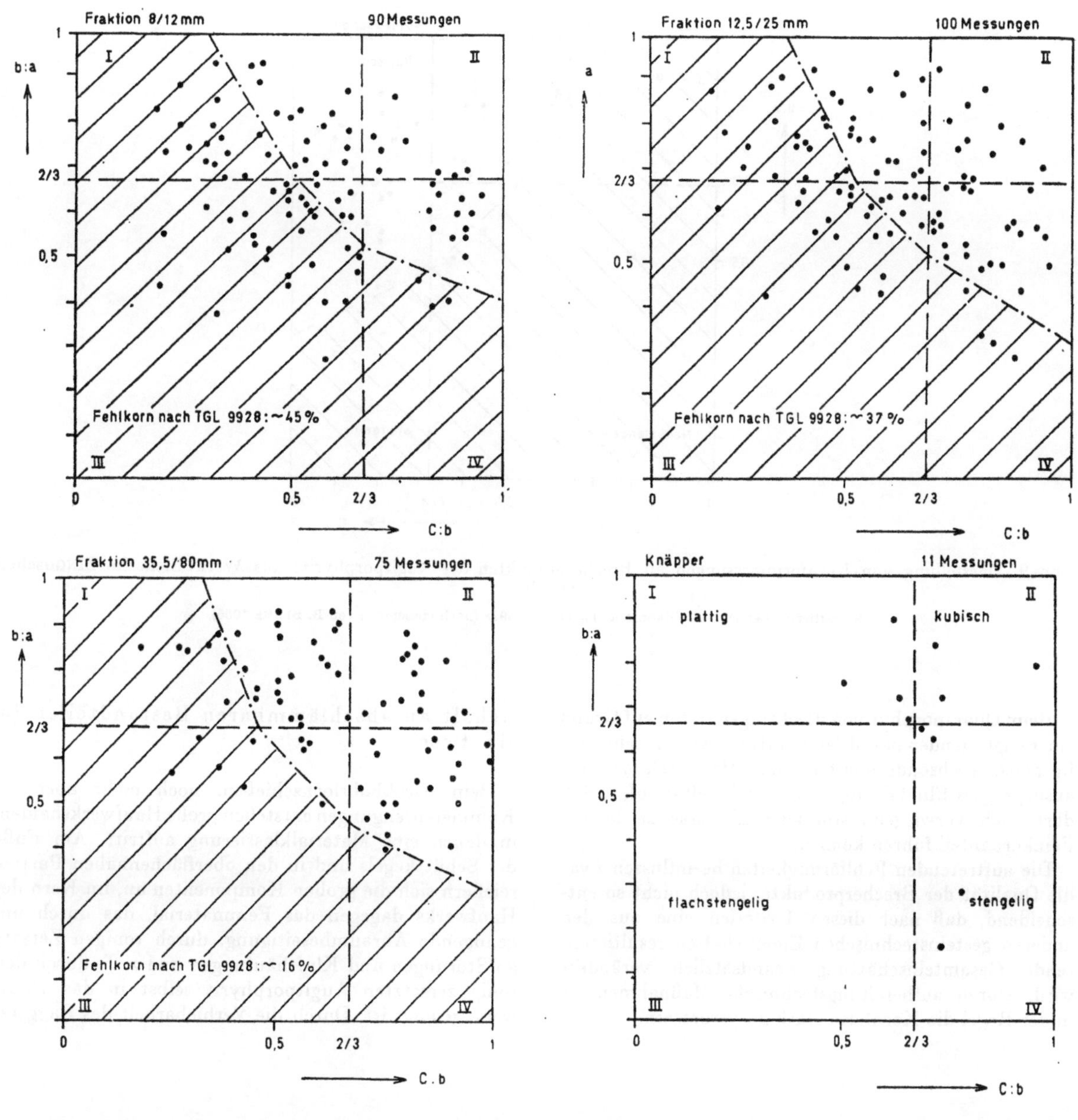

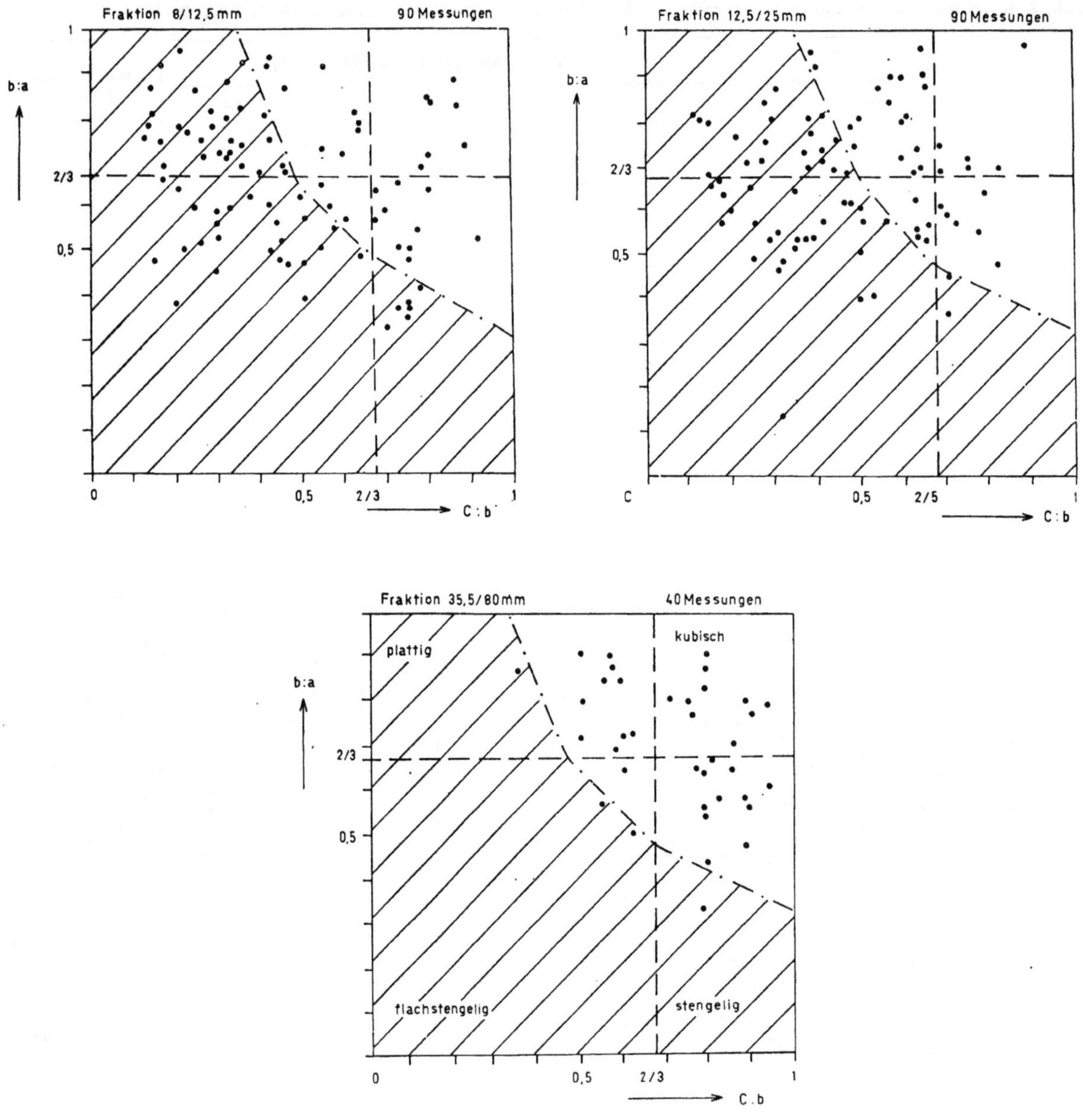


Abb. 9. Darstellung von Kornformmessungen an Brecherprodukten des Augitporphyrits aus Werk Eiche im ZINGGschen Quadrat

Schraffierter Bereich – Fehlkornanteil nach TGL 9928 (nach Messungen von B. BLUME 1966)

Beim Quarzporphyr von Flechtingen treten auf Grund einer engliegenden parallelen Klüftung (Abb. 4) sehr häufig plattige Absonderungsformen im Haufwerk sowie ein ausgeprägtes Fluidalgefüge im Gestein selbst auf, so daß dort auch vorwiegend stoffliche Einflüsse zu hohem Feinkornanteil führen können.

Die auftretenden Fehlförmigkeiten beeinflussen zwar die Qualität der Brecherprodukte, jedoch nicht so entscheidend, daß nach diesen Kriterien eine aus den anderen gesteinstechnischen Eigenschaften resultierenrende Gesamteinschätzung grundsätzlich verändert wird. Durch aufbereitungstechnische Maßnahmen ist in der Regel die Kornform stark zu verbessern.

### Gehalt an abschlämmbaren Bestandteilen im Haufwerk

Beim Großbohrlochschießen, noch mehr aber bei Kammersprengungen entstehen große Haufwerkshalden, in denen eine Materialklassierung auftritt. Am Fuße des Schüttkegels und in den oberflächennahen Partien reichern sich die groben Komponenten an, im Kern des Haufwerks dagegen das Feinmaterial, das durch ungenügende Abraumbeseitigung, durch tonigen Zersatz an Störungen und Kluftthäufungen und z. T. durch den tonig zersetzten Augitporphyrit selbst in das Haufwerk gelangt ist. Durch die Verhiebarbeit des Baggers durch Übersteilung der Haufwerksböschung und das Herunterrollen des groben Materials wird dieser Vorgang weiter verstärkt. Beim Abbau des Haufwerkkerns gehen schließlich bedeutend hohe Anteile an abschlämmbaren Bestandteilen in das Fördergut ein:

Werk Dönstedt August 1965
Haufwerksprobe = 16 Masse-% < 0,2 mm
Werk Bodendorf August 1965
Haufwerksprobe = 12 Masse-% < 0,2 mm

Dieses schlechte Rohgut liefert — besonders bei feuchter Witterung — Schotter und Splitt mit erhöhten Anteilen an abschlämmbaren Bestandteilen. Bei Durchsicht von Unterlagen der TKO-Stellen konnte — entsprechend den obengeschilderten Verhältnissen — ein rhythmisches Schwanken des Gehaltes an abschlämmbarem Feinkorn im Splitt festgestellt werden (z. B. bei der Fraktion 2—8 mm von 0,2 auf 4,8 Masse-%), das dem Rhythmus der Gewinnungsarbeit entspricht.

### 3.3. Gesamtbewertung der untersuchten petrographischen Varietäten

Die frischen Augitporphyrite von Dönstedt (D 1 und D 2), Eiche (E 1 und E 2) und Bodendorf (B 1) sowie die frischen Quarzporphyre von Flechtingen (F 1) sind nach den ermittelten gesteinstechnischen Eigenschaften für eine Verwendung zu Brecherprodukten für das gesamte Bauwesen ohne Einschränkung geeignet. Der hohe Anteil an fehlförmigen Körnern in den einzelnen Korngrößengruppen der Brecherprodukte soll jedoch erwähnt sein.

Bei den leicht und mittelstark verwitterten bzw. zersetzten Gesteinen (Dönstedt D 3, Bodendorf B 2

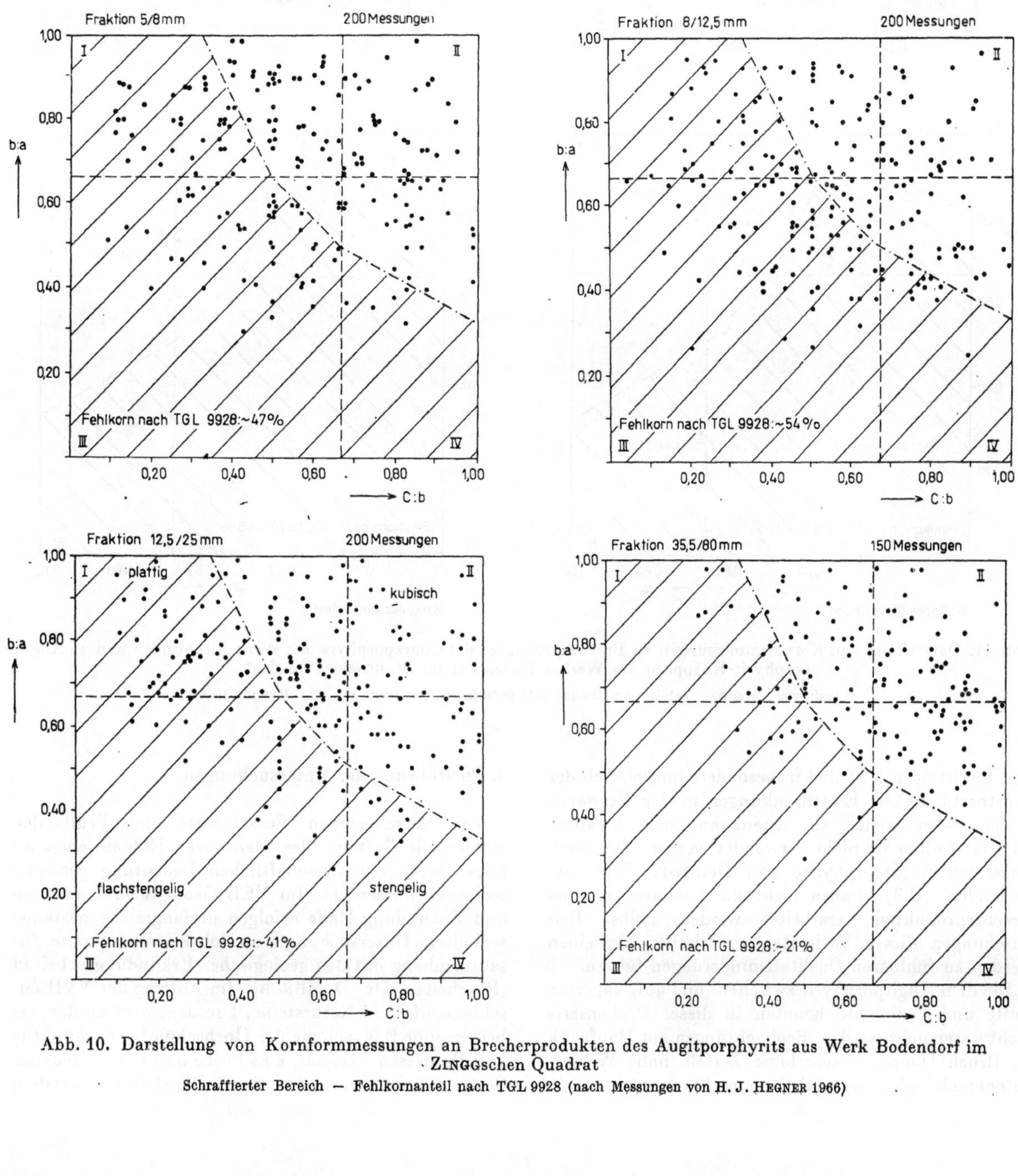


Abb. 10. Darstellung von Kornformmessungen an Brecherprodukten des Augitporphyrits aus Werk Bodendorf im ZINGGschen Quadrat

Schraffierter Bereich — Fehlkornanteil nach TGL 9928 (nach Messungen von H. J. HEGNER 1966)

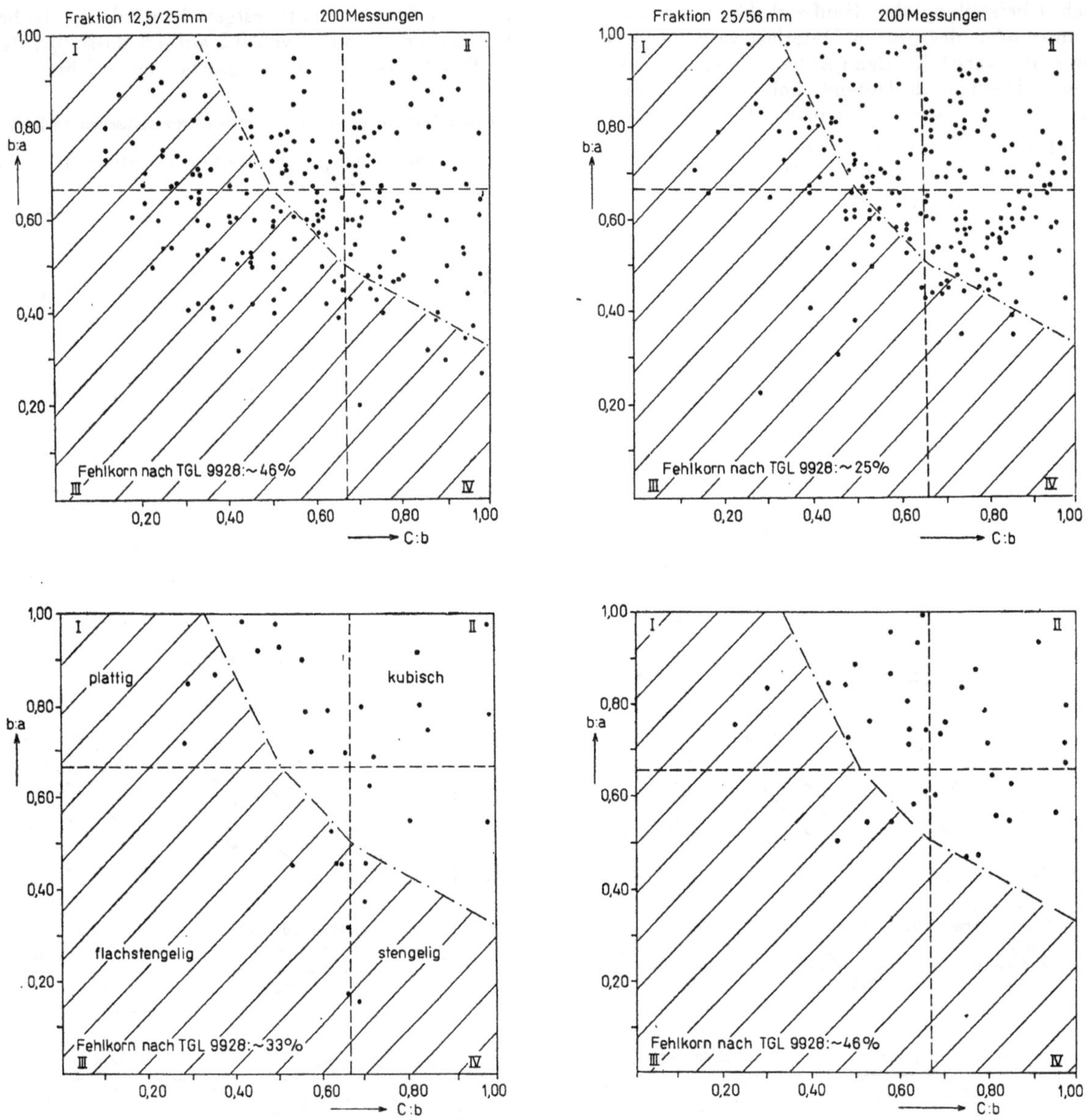


Knäpper Flechtingen

Knäpper Bodendorf

Abb. 11. Darstellung von Kornformmessungen an Brecherprodukten des Quarzporphyrs aus Werk Flechtingen und an Augitporphyrit-Knäppern des Werkes Bodendorf im ZINGGschen Quadrat

Schraffierter Bereich – Fehlkornanteil nach TGL 9928 (nach Messungen von H. J. HEGNER 1966)

und Flechtingen F 2) sind insbesondere hinsichtlich der Frostbeständigkeit Einschränkungen in der Verwendbarkeit angebracht. Als Eisenbahn- und Straßenschotter sollten sie nicht verwendet werden. Die stark zersetzten Augitporphyrite von Dönstedt (D 4) und Bodendorf (B 3) können nicht zu standardgerechten Brecherprodukten verarbeitet werden. Selbst Beimischungen dieser Varietäten zu frischen Gesteinen werden zu fühlbaren Qualitätsminderungen führen.

Die dem Augitporphyrit zwischen- und aufgelagerten Tuffe und Sedimente konnten in dieser Probenserie nicht untersucht werden. Beobachtungen am Haufwerk im Bruch Dönstedt (scherbiger Zerfall, hohe Wasseraufnahmefähigkeiten) schließen eine Eignung aus.

## 4. Fortführung der Untersuchungen

Von verschiedenen Forschungs- und Prüfstellen werden die Gesteine der Steinwerke Haldensleben infolge ihrer volkswirtschaftlichen Bedeutung gesteinstechnisch untersucht. Im VEB Geologische Forschung und Erkundung Halle erfolgen umfangreiche gesteinstechnische Untersuchungen an Bohrkernmaterial im Zusammenhang mit den geologischen Erkundungsarbeiten (Bearbeiter: Dr. D. MÜNCH). Im Auftrag der VVB Zuschlagstoffe und Natursteine, Dresden, wird an der Arbeitsgruppe Baugeologie der Hochschule für Architektur und Bauwesen, Weimar, eine Probenreihe verschiedener Gesteinsvarietäten aus dem Bruch Dönstedt und aus dem

Jahre 1969 bearbeitet (Dipl.-Geol. P. LANGE und Verf.). In der gleichen Arbeitsgruppe werden an Gesteinen der Flechtinger Scholle die Beziehungen Gesteinseigenschaften (Stoff- und Gefügeeigenschaften) — aufbereitungstechnisches Verhalten analysiert (Dipl.-Geol. F. BEYER).

Es wäre zweckmäßig, alle diese neuen Untersuchungen zu gegebener Zeit gemeinsam auszuwerten.

## Zusammenfassung

Aus den in den Jahren 1965 und 1966 entnommenen Proben wurden die gesteinstechnischen Kennwerte von Augitporphyriten und Quarzporphyriten der Flechtinger Scholle aus den Steinbrüchen Dönstedt, Eiche, Bodendorf und Flechtingen ermittelt. Die Untersuchungen erfolgten an petrographisch definierten Gesteinen unterschiedlichen Zersetzungsgrades. Es wird eine Bewertung dieser Gesteinstypen vorgenommen.

## Резюме

Определялись основные технические данные пород авгитовых порфиритов и кварцевых порфиров Флехтингенской глыбы из карьеров Дёнштедт, Айхе, Бодендорф и Флехтинген по пробам, отобранным в 1965 и 1966 г. Исследования проводились на петрографически различных породах с различной степенью выветрелости. Производится оценка этих типов пород.

## Summary

From samples taken in 1965 and 1966 the rock-technical characteristics were determined of augite porphyrites and quartz porphyries of the block of Flechtingen from the quarries of Dönstedt, Eiche, Bodendorf and Flechtingen. Rocks defined petrographically of a different degree of decomposition were analysed and evaluated.

## Literatur

BECK, H.: Der Flechtinger Höhenzug. Sein varistischer und saxonischer Bauplan. – Schr. geol. paläont. Institut, Kiel, 1, 1–67, Kiel 1935.

BLUME, B.: Gesteinstechnische Untersuchungen im Augitporphyrit des VEB Steinwerke Haldensleben (Werke Dönstedt und Eiche). – Studienarb. Inst. Geol. und techn. Gesteinskunde der Hochschule Architektur und Bauwesen, Weimar 1966.

– Gesteinstechnische Untersuchungen an den in Abbau stehenden Augitporphyriten und Quarzporphyren in dem VEB Steinwerke Haldensleben (Werke Dönstedt, Eiche, Bodendorf und Flechtingen). – Dipl.-Arb. Fakultät Baustoffingenieurwesen Hochsch. Architektur und Bauwesen, Weimar 1967.

GRÜGER, M.: Vergleichende petrographische Untersuchungen an porphyritischen Gesteinen des Flechtinger Höhenzuges. – Dipl.-Arb. miner. Inst. Martin-Luther-Univ., Halle 1958.

HEGNER, H. J.: Geologisch-gesteinstechnische Untersuchungen in den Hartsteinwerken Flechtingen und Bodendorf des Flechtinger Höhenzuges. – Studienarb. Inst. Geol. und techn. Gesteinskunde Hochschule Architektur und Bauwesen, Weimar 1966.

HOPPE, W.: Geologisches Gutachten über die Gesteinsvorkommen in den Steinbrüchen des VEB Steinwerke Haldensleben. – Weimar 1957 (Manuskript).

– Die Natursteinvorkommen der DDR. – Z. angew. Geol., 9, 8, 393–400, Berlin 1963.

KLAUS, D.: Zur Kenntnis der Mineralisation am Flechtinger Höhenzug. – Ber. dt. Ges. geol. Wiss., B, Min. – Lagerst., 14, 2, 153–162, Berlin 1969.

KLOCKMANN, F.: Der geologische Aufbau des sogenannten Magdeburger Uferrandes mit besonderer Berücksichtigung der auftretenden Eruptivgesteine. – Jb. kgl. preuß. geol. Landesanst. 1890, 11, 118–254, Berlin 1892.

KUNATH, H.: Die Beurteilung der Druckfestigkeit von Schotter für den Straßenbau. – Wiss. Z. techn. Univ. Dresden, 10, 6, 1357–1366, Dresden 1961.

KUNATH, H.: Die Beurteilung des Widerstandes von Straßenbaugestein gegenüber dynamischer Beanspruchung. – Wiss. Z. techn. Univ. Dresden, 12, 6, 1773–1780, Dresden 1963.

– Die Beurteilung der Festigkeit von Splitt für den Straßenbau. – Wiss. Z. techn. Univ. Dresden, 13, 4, 1071–1077, Dresden 1964.

– Verwendung von Schotter und Splitt für den Straßenbau. – Dt. Bauinform., Berlin 1966.

LAUTERBACH, R.: Das Flechtinger Massiv. – Abh. dtsch. Akad. Wiss. Berlin, Kl. Bergbau, Hüttenwesen und Montangeol., Jg. 1964, Nr. 2 (DEUBEL-Festschr.), 417–427, Berlin 1964.

LINDEKAMM, W.: Die Standorte zur Gewinnung von Augitporphyrit und Quarzporphyr im Kreis Haldensleben. – Jahresschr. Kreismuseums Haldensleben, 7, 63–79, Haldensleben 1966.

MÜLLER, H.: Natursteinvorkommen in der Deutschen Demokratischen Republik für die Schotter- u. Splittindustrie. – VEB Verl. für Bauwesen, Berlin 1963.

PAECH, H.-J.: Zum Kluftgefüge der Porphyrite in der Flechtinger Scholle. Ein Beitrag zur Erfassung des Kluftkörpers beim Erkunden von Festgesteinen. – Vortrag auf der Vortrags- u. Exkursionstagung „Beziehungen zwischen Genese und Verwertbarkeit von Lagerstätten der Steine und Erden in der DDR". – Leipzig 1967.

– Vorläufige Mitteilung über permosilesische Sedimente unter den Vulkaniten der Flechtinger Scholle (Bezirk Magdeburg). – Geologie, 18, 3, 358–359, Berlin 1969.

REUTER, F.: Die regionalgeologische Stellung der Flechtingen–Roßlauer Scholle. – Geologie, Beih. 40, 66 S., Berlin 1964.

SCHREIBER, A.: Das Rotliegende des Flechtinger Höhenzuges. – Freiberger Forsch.-H., C 82, 132 S., Berlin 1960.

STEINER, W.: Geologisch-gesteinstechnisches Gutachten über die Gesteinsvorkommen in den Steinbrüchen des VEB Steinwerke Haldensleben/Bez. Magdeburg. – Weimar 1966 (Manuskript).

STEINER, W., & K. ROST: Glaziale Strudelkessel an der Oberfläche des Augitporphyrits im Flechtinger Höhenzug. – Geologie, 11, 2, 181–196, Berlin 1962.

STEINER, W., B. BLUME & H. J. HEGNER: Gesteinstechnische Eigenschaften der Ergußgesteine des Flechtinger Höhenzuges und ihr Einfluß auf die Qualität der Brecherprodukte. – Vortrag auf der Vortrags- u. Exkursionstagung „Beziehungen zwischen Genese und Verwertbarkeit von Lagerstätten der Steine und Erden in der DDR", Leipzig 1967.

VOCKE, W.: Kartierung der vermutlichen Abraumauflagerung im Objekt Augitporphyrit Bodendorf nebst Vorschlägen für den Ansatz von Abraumbohrungen. – Ing.-Arb. Berging.-Schule „G. Agricola", Zwickau 1961.

WÄCHTER, K.: Flechtingen–Roßlauer Scholle, Weferlingen–Schönebecker Triasplatte, Allertalstörungszone. – Exkursionstagebuch Nr. 4, Bergakad. Freiberg 1965 (zugl. Bd. 3 Schr.-R. „Die Magdeburger Börde", hrsg. Kreisheimatmuseum des Kreises Wanzleben „Volkskundemuseum Ummendorf" 1965).

WEIGELT, J.: Der tektonische Unterbau der Mitteldeutschen Hauptscholle. In: Beiträge zur Landeskunde Mitteldeutschlands. – Festschr. 23. dt. Geographentag Magdeburg, 14–70, Braunschweig 1929.

WIEGERS, F.: Geologisches Wanderbuch für den Regierungsbezirk Magdeburg. – Stuttgart 1924.

– Erläuterungen zur geologischen Karte Blatt Neuhaldensleben. – Berlin 1928.

ZINGG, Th.: Beitrag zur Schotteranalyse. – Schweiz. miner. u. petrogra. Mitt., 15, 39–40, Zürich 1935.

## Standards

| | | |
|---|---|---|
| TGL 11363 | Bl. 1 | Bestimmung der Rein- u. Rohdichte, Dichtigkeitsgrad, wahre Porosität (Ausgabe Juni 1962); |
| TGL 11363 | Bl. 2 | Frostbeständigkeit von Naturstein (Juli 1962); |
| TGL 11363 | Bl. 3 | Druckfestigkeit von Naturstein (Juni 1962); |
| TGL 11363 | Bl. 4 | Biegefestigkeiten (Juni 1962); |
| TGL 9928 | | Bestimmung der Fehlförmigkeit (Februar 1961); |
| TGL 24336 | Bl. 1 | Prüfung von Gesteinsbaustoffen, Bestimmung der Reindichte (März 1969); |
| TGL 24336 | Bl. 2 | Bestimmung der Rohdichte (Ausgabe März 1969); |
| TGL 24336 | Bl. 4 | Bestimmung des Porenanteils (Ausgabe März 1969); |
| TGL 24336 | Bl. 8 | Bestimmung der Wasseraufnahme (Ausgabe März 1969); |
| TGL 24336 | Bl. 9 | Bestimmung des mittleren Kornformindex (Ausgabe März 1969); |
| TGL 24336 | Bl. 10 | Bestimmung der Fehlförmigkeit (Ausgabe März 1969); |
| TGL 24336 | Bl. 12 | Bestimmung des Sättigungswertes (Ausgabe März 1969); |
| TGL 20801 | Bl. 11 | Prüfung bituminöser Bindemittel-Gesteinsgemische, Wasserlagerung. |

Richtlinien für die bituminösen Straßenbauweisen – Prüfung der Zuschlagstoffe. KdT-Empfehlungen des Zentralen Fachausschusses Straßenwesen (September 1967).

| | | |
|---|---|---|
| SW 16 | Bl. 2 | Druckfestigkeit von Schotter (40 Mp); |
| SW 16 | Bl. 3 | Abrieb von Schotter, Splitt und Kies in der Prüftrommel; |
| SW 16 | Bl. 5 | Druckfestigkeit von Splitt und Kies (11 Mp); |
| SW 16 | Bl. 6 | Schlagfestigkeit von Schotter; |
| SW 16 | Bl. 7 | Schlagfestigkeit von Splitt und Kies. |

Zeitschrift für angewandte Geologie, Bd. 16 (1970), Heft 6


# Die Gesetzmäßigkeiten der Verteilung von Uranerzlagerstätten in kohlig-kieseligen Schiefern und Kalksteinen

W. A. KRUPENNIKOW, UdSSR

In den Faltengebieten sind Lagerstätten armer, vorwiegend imprägnativer Uranerze unklarer Genese bekannt, die in dislozierten kohlig-tonigen Schichten des tieferen und mittleren Paläozoikums verbreitet sind. Sie sind durch einen einfachen Mineralbestand und durch schicht-, gang- oder säulenförmige Erzkörper gekennzeichnet, die entlang schichtparalleler oder diskordanter Störungen in silurischen kohlig-kieseligen Schiefern, den unterlagernden glimmerig-tonigen Schiefern des oberen Ordoviziums und den höherliegenden pelitomorphen unterdevonischen Kalken und oberdevonischen Intrusivdiabasen vorkommen[1]) (GESEWA 1957, GESEWA & DERJAGIN 1963, SURASHSKI 1960, KOTLJAR 1961, RYBALOW 1965).

Über die Genese dieser Lagerstätten existieren verschiedene Ansichten. P. W. GESEWA (1957, 1963) rechnet sie zu den sedimentär-metamorphen Lagerstätten und ist der Meinung, daß die Uranerzkörper infolge Umverteilung des primär-sedimentären Urans der silurischen Gesteine durch metamorphe Lösungen während der Faltung und Regionalmetamorphose (Grünschieferfazies) gebildet wurden. Die Autorin begründet diese Meinung durch folgende Tatsachen: regionale „Infizierung“ der Alaun- und Kieselschiefer sowie des Ockerkalkes durch Uran, Vorhandensein gewisser Elemente (U, V, Cu, Ni u. a.) in den Uranerzen und den Nebengesteinen, unklare Kontakte und konkordante Lagerung der Erzkörper inmitten dislozierter Nebengesteine, metasomatischer Charakter der Uranerze und Fehlen einer Gangmineralisation, enge Beziehungen zwischen der primären Uranvererzung und der Metamorphose sowie ihre Bindung an syntektonische Strukturelemente, fehlende Spuren des Einflusses von Intrusionen und Hydrothermen auf die Erzablagerung usw.

Zu anderen Schlußfolgerungen hinsichtlich der Erzbildung gelangte B. L. RYBALOW (1965), der sich für eine hydrothermale Genese ausgesprochen hat. Er verwies dabei auf die Kontrolle der vorhandenen Lagerstätten durch langlebige Bruchzonen, die durch die Verteilung hochpaläozoischer Granitoide und hydrothermaler Uranganglagerstätten gekennzeichnet sind, auf die Bindung der Uranerze an Verwerfungen, die nach der Faltung und Regionalmetamorphose entstanden sind, auf den epigenetischen Charakter der Uranmineralisation hinsichtlich der Regionalmetamorphose und jüngere Kersantitgänge sowie auf die geringe Bildungstiefe der Lagerstätten (etwa 1000 m).

Die Ausdehnung der Uranvererzung zwischen dem oberen Ordovizium und dem Unterdevon beachtend, wiesen GESEWA & DERJAGIN (1963) gleichzeitig darauf hin, daß die Erzkörper im Lederschiefer meistens in Gebieten liegen, wo das höherliegende Silur erzlos ist, und umgekehrt dort, wo im Silur eine Vererzung vorhanden ist und die ordovizischen Schiefer in der Regel erzlos sind. Wodurch wird der scharfe Wechsel von erzhaltigen Gesteinen hervorgerufen?

Die Untersuchung der Ablagerungsbedingungen der Uranerze in den ordovizischen, silurischen und devonischen Gesteinen und die Bestimmung der physikomechanischen Eigenschaften dieser Gesteine ermöglichten, gesetzmäßige Beziehungen zwischen den Strukturen der Lagerstätten, der Form der Erzkörper und ihrer Lage im stratigraphischen Profil aufzufinden.

Die beschriebenen Lagerstätten liegen in schwachmetamorphen ordovizischen, silurischen und devonischen Ablagerungen der tieferen Strukturstufe des Geosynklinalstockwerks. Sie sind in einer großen Antiklinale verbreitet, und zwar dort, wo diese durch regionale Bruchzonen quer durchsetzt wird (RYBALOW 1965). Das Erzfeld wird durch Bruchstörungen dieser Zonen begrenzt und ist durch eine intensive Entwicklung verschiedenaltriger Störungszonen unterschiedlicher Richtung charakterisiert.

An der Basis des stratigraphischen Profils im Erzfeld liegen die ordovizischen Lederschiefer, die im Hangenden feine Zwischenlagen und Linsen schwachbituminöser Aleurolithe und kalkiger Sandsteine enthalten (Abb. 1). Höher folgen konkordant geringmächtige silurische Gesteine. Sie bestehen von unten nach oben aus feinschichtigen Kieselschiefern mit einer sich im Profil allmählich vergrößernden Menge geringmächtiger Zwischenlagen des unteren Alaunschiefers, massiven grobschichtigen und dolomitisierten Ockerkalkes mit Zwischenlagen von Alaunschiefern des mittleren Horizontes und feinschichtigen oberen Alaunschiefern. Das Silur ist mit organischem Stoff der Sapropelreihe (nach P. W. GESEWA) angereichert und pyritisiert. In ihm treten kleinere Quarzgängchen mit Anthraxolit und Sulfiden sowie Markasitkonkretionen auf. Über dem Silur liegen konkordant tiefdevonische Gesteine, die an der Basis aus geringmächtigen pelitomorphen Kalken bestehen. Sie gehen im Profil allmählich in Ton- und Kalktonschiefer über.

Die genannten stratigraphischen Horizonte werden von zahlreichen schichtkonkordanten Extrusivkörpern oberdevonischer Diabase durchsetzt, die vorwiegend im Silur verbreitet sind. Außerdem werden einzelne jüngere Kersantit- und Diabasgänge beobachtet.

Sowohl die Sedimentgesteine als auch Diabase sind in NE streichende Falten gepreßt, wobei besonders im Silur Biegefalten mit Gleitungen auftreten. Zusammen

---

Aus: „Geologija rudn. mestoroshd.“, Nr. 4 (1969), S. 74–87 (gekürzt).
Übers.: W. BEYER, Schneeberg.

[1]) Im weiteren wird entsprechend dem deutschen Sprachgebrauch von Lederschiefern, Alaun- und Kieselschiefern, Ockerkalken sowie Tentaculitenkalk und -tonschiefer gesprochen, da die beschriebenen Lagerstätten im Gebiet der DDR liegen (d. Übers.).

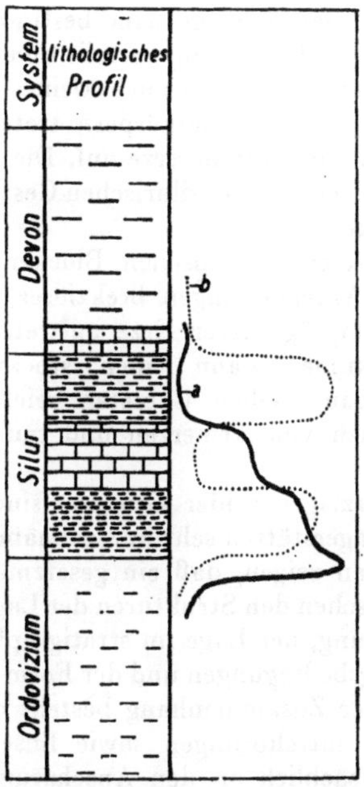


Abb. 1. Stratigraphisches Profil des Erzfelds und Lage der Uranerze im stratigraphischen Profil

1 –-devonische Tonschiefer und Kalktonschiefer; 2 – pelitomorpher Tentaculitenkalk; 3 – Alaunschiefer; 4 – grobschichtige, dolomitisierte Ockerkalke; 5 – Kieselschiefer mit Zwischenlagen von Alaunschiefern; 6 – Lederschiefer; 7 – die Verteilungskurven im stratigraphischen Profil bedeuten: a – Uranerze, b – organische Substanz

mit großen schwach asymmetrischen Antiklinal- und Synklinalfalten findet man im Erzfeld schmale Streifen stark zerrütteter, geneigter und sogar überkippter Falten, längs deren schuppige Überschiebungen vorkommen.

Die Uranerzkörper treten mit geringen Unterbrechungen fast auf der gesamten Verbreitungsfläche des Silurs auf. Die größten Häufungsgebiete an Erzkörpern werden als Lagerstätten ausgehalten. Die Uranerze sind in der produktiven Gesteinsserie äußerst unregelmäßig verbreitet. In der einen Lagerstätte treten sie vorwiegend im Dach des Lederschiefers und in der anderen vorwiegend in den silurischen Gesteinen auf. Mitunter finden sich erzführende Bereiche in allen Gesteinen der produktiven Serie. Vereinzelt kommt die Uranmineralisation in Form von Trümern halboxydierter Pechblende in Kersantitgängen vor (RYBALOW 1965).

Bezeichnende Besonderheiten dieser Lagerstätten sind das Überwiegen armer Imprägnations- und trümig-imprägnativer Uranerze und eine unbedeutende Gangmineralisation. Diese Erze bestehen aus Pechblende, die an kleine Klüftchen gebunden ist oder die Grundmasse in den Nebengesteinen verdrängt, aber auch aus feindispersem, anscheinend mineralogisch nicht identifizierbarem Uran. Untergeordnet treten Einsprengungen und seltener kleine Sulfidtrümchen (Pyrit, Chalkopyrit, Sphalerit und Galenit) auf. Lokal sind relativ reiche brekziöse Erze und Trümererze vorhanden, in denen zusammen mit Pechblende auch Pyrit, Markasit, Chalkopyrit und geringe Mengen von Bravoit, Arsenopyrit, Sphalerit, Galenit, Ni- und Co-Sulfoarsenide sowie Quarz, Dolomit, Baryt usw. auftreten (GESEWA & DERJAGIN 1963). Mitunter sind in den Reicherzen eine Zementierung der Quarzbruchstücke durch Pechblende und die Durchsetzung derartiger Brekzien von Karbonattrümchen mit Sulfiden und jüngsten Hämatit-Baryt-Trümchen sichtbar. Derartige Erze sind im allgemeinen an Störungen gebunden und gehen quer zu diesen Störungen in trümig-imprägnative Erze über. Reiche und arme Uranerze sind immer von einer Bleichung der Nebengesteine sowie bisweilen von einer Hämatitisierung und schwachen Karbonatisierung begleitet (GESEWA 1957).

Im Erzfeld sind Bruchstörungen dreier Altersgruppen (im Verhältnis zur Hauptphase der Faltung) bekannt.

Die vortektonischen Störungen sind langgestreckte, NE streichende Störungszonen, entlang denen oberdevonische Extrusivdiabase verbreitet sind. Nach RYBALOW (1965) wurden diese Störungen in den frühen Faltungsphasen angelegt und spiegeln die Entstehung tektonischer Längsblöcke in der das Erzfeld umgebenden Antiklinale wider. Diese Störungen dienten als Zufuhrkanäle der oberdevonischen Extrusivdiabase. Später entstanden entlang diesen Störungen steile Isoklinalfalten und fächerförmige Falten sowie schuppige Überschiebungen. An diese Störungen sind oftmals auch jüngere nachtektonische Verwerfungen gebunden.

Die syntektonischen Störungen sind stärker verbreitet. Es sind vorwiegend schuppige Überschiebungen, die NE streichen und SE oder NW einfallen, und zahlreiche Brüche interformationellen und schichtparallelen Charakters. Sie kommen vorwiegend in den silurischen Ablagerungen vor und sind für diejenigen Profilteile typisch, in denen eine Wechsellagerung von lithologisch unterschiedlichen Gesteinen festzustellen ist.

Die größten und ausgedehntesten Störungen dieser Art sind die Überschiebungen. Sie verlaufen meistens entlang vortektonischen Zonen und sind den Gebieten der am intensivsten zerrütteten überkippten Falten zugeneigt. Die Zonen der schuppigen Überschiebungen weisen horizontale und vertikale Verbiegungen auf. In den Zonen dieser Überschiebungen wurden oftmals größere tektonische Blöcke devonischer Tentaculitenschiefer in die silurischen Ablagerungen hineingezwängt, die auf eine bedeutende Verschiebungsamplitude, die einige hundert Meter erreichen kann, hinweisen.

Weit verbreitet sind schichtparallele syntektonische Brüche. Sie treten besonders entlang den Kontakten ordovizischer und silurischer Gesteine an den Flügeln der Antiklinalfalten auf. Es sind tektonische Nähte mit Letten oder Myloniten und zerrütteten Nebengesteinen.

Die syntektonischen Störungen wurden unterschiedlich mineralisiert. Sie enthalten oft kleinere Quarz-, Pyrit-Quarz-, Pyrit-Quarz-Karbonat- und Karbonatgängchen metamorphen Charakters, deren Stoffbestand vom Nebengestein abhängt. In dieser Hinsicht sind besonders die interformationellen Störungen zwischen den ordovizischen und silurischen Gesteinen typisch, die von milchigweißen oder durchsichtigen Quarztrümern begleitet werden und lokal die Gesteinsbruchstücke zementieren und typische Brekzien bilden.

Die nachtektonischen Störungen sind Verwerfungen, die im Erzfeld richtungslos und unabhängig von den Besonderheiten des Faltenbaus auftreten. Sie durchsetzen die Falten, die Überschiebungen und interformationellen Brüche. Den nachtektonischen Verwerfungen ist eine mehrfache Bewegung nachzuweisen, und sie werden in den Erzkörpern oftmals von verschiedenaltrigen Quarz-, Pechblende-, Pechblende-Karbonat- und Hämatit-Baryt-Trümern durchsetzt und von einer starken Gesteinsbleichung umgeben. Eine deutliche Strukturkontrolle der einzelnen Erzkörper und Lagerstätten durch Gebiete intensiv ausgeprägter nachtektonischer Brüche ist sicher.

Die nachtektonischen Störungen treten in den lithologisch unterschiedlichen Gesteinen sehr unregelmäßig auf. In den Tentaculitenschiefern, Lederschiefern, Alaunschiefern und Kalktonschiefern sind es kleinere Störungen tektonischer Nähte, die mit Reibungsletten oder mylonitischem Material geringer Mächtigkeit (2—5 cm) gefüllt sind. Beim Übergang zu den Kieselschiefern, Ockerkalken sowie zu den Diabasen klingen sie meistens aus.

In den Kieselschiefern, Ockerkalken und Diabasen haben diese Störungen eine andere Morphologie. Hier sind es mächtige Zonen zerrütteter und zerklüfteter Gesteine mit tektonischen Nähten, die durch Reibungsmaterial und kantige Bruchstücke des Nebengesteins ausgefüllt sind.

Im Erzfeld können zwei Gruppen von Uranerzkörpern ausgehalten werden, und zwar die konkordanten und die diskordanten Erzkörper. Beide Gruppen unterscheiden sich nach ihren Formen, den Lagerungsbedingungen, den erzkontrollierenden Strukturen, den Nebengesteinen und den vorherrschenden Erztexturen.

Die konkordanten Erzkörper sind schichtförmige, linsenartige und sattelförmige Erzkörper, die fast ausschließlich im Dach der Lederschiefer in der Nähe der interformationellen Störungen verbreitet sind. Einige größere Erzkörper dieser Gruppe liegen unter der tektonischen Oberfläche der Überschiebungen. Bei weitem seltener treten kleinere Erzkörper in den Kieselschiefern und Ockerkalken auf, wo sie längs der schichtparallelen Störungen angeordnet sind.

Die konkordanten Erzkörper weisen enge Beziehungen zu den Faltenstrukturen auf. Die schicht- und linsenartigen Erzkörper kommen meistens an den Flügeln der Antiklinalfalten vor, während die sattelförmigen Erzkörper in den Scheitelteilen dieser Falten auftreten. Diese Erzkörper haben oft eine komplizierte Form. Mitunter tritt die Vererzung nicht in den eigentlichen interformationellen Störungen auf, sondern ist im Lederschiefer in einer gewissen Entfernung (1—3 m) parallel zu diesen Störungen verbreitet. Für die Erze dieser Gruppe sind arme eingesprengte Erze typisch.

Untergeordnete Bedeutung haben trümig-imprägnative Erze, die an kleinere steilfallende nachtektonische Störungen gebunden sind.

Die diskordanten Erzkörper bilden komplizierte säulen- und gangförmige sowie linsenartige Erzkörper, die hauptsächlich in den Kieselschiefern, Ockerkalken und Diabasen vorkommen. Sie hängen räumlich eng mit den großen nachtektonischen Verwerfungen zusammen und sind an die Kreuzungen dieser Störungen mit den genannten Gesteinen gebunden. Außerdem kommen kleinere Erzkörper längs der nachtektonischen Störungen im Lederschiefer und in bedeutenden Entfernungen (150—200 m) vom Silur vor.

Die diskordanten Erzkörper reichen oft von einem Gestein in das andere hinein. Ihre Form wird vor allem durch die Orientierung der nachtektonischen Erzstörungen, der Stellen ihrer Durchkreuzung oder Anscharung, der Lage größerer Klüftungszonen sowie der Zerrüttungszonen der Nebengesteine bestimmt. Die reiche Vererzung ist ungleichmäßig verteilt und sowohl in den großen Hauptstörungen als auch kleinen Fiederspalten anzutreffen. In diesen Erzkörpern treten vorwiegend brekziöse Erze und Trümererze auf. Die die Vererzung begleitende Bleichung der silurischen Gesteine hat kluftnahen Charakter.

In horstartigen tektonischen Blöcken können mitunter große Anreicherungen brekziöser, trümerartiger und trümig-imprägnativer Erze auftreten. Diese Erzkörper bekommen dann einen stockwerkähnlichen inneren Aufbau. Neben Gebieten reicher Vererzung kommen Zonen von Armerzen und tauben Gesteinen vor.

Die Uranerzlager beider Gruppen sind in den verschiedenen Lagerstätten sehr unregelmäßig verteilt. Die Beobachtungen zeigen, daß ein gesetzmäßiger Zusammenhang zwischen den Strukturen der Lagerstätten und deren Verteilung, der Lage im stratigraphischen Profil, den Lagerungsbedingungen und der Form der Erzkörper besteht. Dieser Zusammenhang besteht darin, daß die schicht- und sattelförmigen sowie linsenartigen Erzkörper hauptsächlich an den Anscharungen von kleineren nachtektonischen Verwerfungen an interformationelle syntektonische Störungen auftreten, d. h., sie kommen in erzführenden Bereichen und Lagerstätten vor, wo die nachtektonischen Brüche schwach entwickelt sind. Andererseits sind die säulen- und gangförmigen sowie komplizierteren linsenartigen Erzkörper in den Kieselschiefern, Ockerkalken und Diabasen verbreitet und werden unmittelbar an großen nachtektonischen Störungen lokalisiert, die eine intensive Zerrüttung der Nebengesteine hervorgerufen haben.

Daher können nach den tektonischen Bildungsformen der Ablagerung und Form der Erzkörper zwei Haupttypen von Lagerstätten ausgehalten werden:

1. Die Lagerstätten des ersten Typs mit konkordanten (schichtförmigen, sattelförmigen) Erzkörpern imprägnativer Erze werden unter dem hangenden Silur im Dach der Lederschiefer konzentriert. Die erzkontrollierenden nachtektonischen Brüche sind schwach ausgebildet und führten zu keiner wesentlichen Deformation der silurischen Gesteine (Abb. 2a).

2. Die Lagerstätten des zweiten Typs mit diskordanten (säulen- und gangförmigen, linsenartigen) Erzkörpern relativ reicher trümiger, trümig-imprägnativer und brekziöser Uranerze liegen in Kieselschiefern, Ockerkalken und Diabasen. Diese erzführenden Zonen sind Produkte intensiv ausgeprägter nachtektonischer Brüche, die eine bedeutende Deformation des Silurs hervorgerufen haben (Abb. 2b).

Zwischen beiden Arten von Lagerstätten sind jedoch auch Mischtypen vorhanden, wobei immer der Einfluß des strukturellen Faktors auf die Verteilung und Morphologie der Erzkörper zu bemerken ist.

Es entsteht folgende Frage: Weshalb wird die Uranvererzung einmal im Lederschiefer und andererseits in den Kieselschiefern, Ockerkalken und Diabasen gebildet?

Eine Antwort auf die Unterschiede in der Erzbildung beider Lagerstättentypen können die physikomechanischen Eigenschaften der umgebenden Gesteine geben (Tab.).

Die stabilsten Gesteine mit dem höchsten Elastizitätsmodul und der niedrigsten POISSON-Zahl sind im Erzfeld

Zeitschrift für angewandte Geologie, Bd. 16 (1970), Heft 6



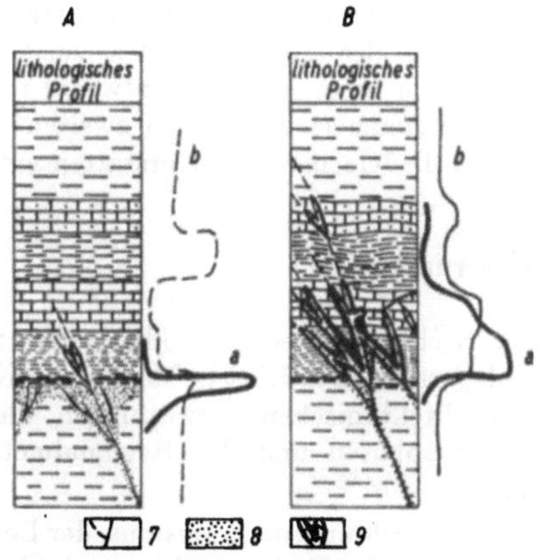


Abb. 2. Schema der Lokalisierung der Uranvererzung in den Lagerstätten vom Typ I (A) und Typ II (B)

Legende s. Abb. 1; 7 – nachtektonische Störungen; 8 – konkordante Erzkörper mit armen imprägnativen Erzen; 9 – säulen- und gangförmige Erzkörper mit trümigen, trümig-imprägnativen und brekziösen Erzen; a – Verteilung der Uranerze im Profil, b – Kurve des Elastizitätsmoduls

die silurischen und devonischen Kalksteine, die Kieselschiefer und die Diabase. Sie haben eine niedrige effektive Porosität und Permeabilität. Beobachtungen über das Vorkommen von Störungen in derartigen Gesteinen weisen auf eine erhöhte Neigung zur spröden Deformation.

Bei weitem weniger stabile Gesteine mit einem niedrigen Elastizitätsmodul und einer relativ hohen POISSON-Zahl sind die Lederschiefer und besonders die Alaunschiefer und Tentaculitenschiefer. Diese Gesteine sind durch eine hohe effektive Porosität und Permeabilität charakterisiert und weisen eine deutliche Neigung zur plastischen Deformation auf.

Selbstverständlich werden bei schwachausgebildeten nachtektonischen Störungen (Lagerstätten ersten Typs) mit relativ geringen tektonischen Spannungen die stabileren Kieselschiefer, Ockerkalke und Diabase ($E = 7{,}20–7{,}91 \cdot 10^{-5}$ kg/cm²) sogar dann undeformiert bleiben, wenn die weniger stabilen Lederschiefer ($E = 5{,}17 \cdot 10^{-5}$ kg/cm²) zerstört wurden. Die Bildung konkordanter Erzkörper im Lederschiefer unter den abschirmenden stabileren und schwachdurchlässigen silurischen Gesteinen war die Folge. Die relativ hohe Porosität und Permeabilität der Lederschiefer führte zum Überwiegen armer imprägnativer Erze.

Nur beim Erreichen größerer tektonischer Spannungen (Lagerstätten zweiten Typs) erfolgte eine intensive Deformation der stabilen silurischen Gesteine und des Diabas. Dabei wurden günstige Bedingungen für das Eindringen erzführender Lösungen in die zerrütteten und zerklüfteten Zonen und damit für die Erzablagerung geschaffen. Es entstanden säulen-, gang- und kompliziertere linsenförmige Erzkörper in den Kieselschiefern, Kalken und Diabasen, und zwar an den Kreuzungen der genannten Gesteine mit erzkontrollierenden nachtektonischen Brüchen. Die erhöhte Neigung zur spröden Deformation führte zu reicheren brekziösen, trümigen und trümig-imprägnativen Erzen.

Die Ursachen der lithologischen Kontrolle der Uranvererzung durch geringmächtige dislozierte silurische Gesteine hängen eng mit den genetischen Fragen dieser Lagerstätten zusammen. Es ist klar, daß von der Position der sedimentär-metamorphen Hypothese das Silur mit erhöhten Gehalten an syngenetischem Uran eine Metallquelle darstellte, die durch die Regionalmetamorphose mobilisiert wurde. Bezogen auf die hydrothermale Genese kann bei gleichen Vorstellungen die lithologische Kontrolle der Uranvererzung durch die erhöhten Gehalte an organischen Stoffen, den günstigen Chemismus oder die physikomechanischen Eigenschaften dieser Gesteine erklärt werden (LUKIN & SONJUSCHKIN 1958).

Die genetischen Fragen dieser Uranerze gehen über den Rahmen der vorliegenden Arbeit hinaus und sind das Thema einer speziellen Untersuchung. Während der Bearbeitung der vorliegenden Lagerstätten konnten gleichzeitig einige neue Kenntnisse gewonnen werden, die eine Beziehung zur Genese dieser Uranerze ergeben.

1. Es wurden im Erzfeld zwei Phasen hydrothermaler Tätigkeit festgestellt. An das frühe Stadium (nach der Faltung, der Regionalmetamorphose und dem Eindringen nachtektonischer Gesteinsgänge) ist eine niedrig- bis mitteltemperierte hydrothermale Metamorphose aller Intrusivgesteine, auch der jüngeren Kersantitgänge, gebunden (Veränderung der dunklen Minerale zu Chlorit, Karbonat und Leukoxen, Plagioklas zu Albit, Auftreten von Pyrit). Diese Veränderung entspricht der niedrigtemperierten Albit-Chlorit-Kalzit-Fazies der nachmagmatischen Metasomatose (KORSHINSKI 1955). Später erfolgte eine erznahe Nebengesteinsveränderung, die durch eine intensive Oxydation des organischen Stoffes

Tab. Physikomechanische Eigenschaften der Gesteine

| Gesteine | Volumen g/cm³ | Effektive Porosität | | Permeabilität, in Millidarcy | | Elastizitätsmodul (E) · $10^{-5}$ kg/cm² | | POISSONsche Zahl (μ) | |
|---|---|---|---|---|---|---|---|---|---|
| | | 1 | 2 | 1 | 2 | 1 | 2 | 1 | 2 |
| Diabas | 2,79(8) | 0,40–2,11( 8) | 1 41 | 0,003–0,092(6) | 0,062 | 6,36–8,04( 4) | 7,20 | 0,22–0,26( 4) | 0,23 |
| Tentaculitenschiefer | 2,75(14) | 2,04–3,55(14) | 2 97 | 0,349–0,436(2) | 0,392 | 2,88–5,28( 3) | 3,88 | 0,32–0,40( 3) | 0,37 |
| Tentaculitenkalk | 2,73(6) | 1,55–2,46( 6) | 2,18 | 0,193–0,264(2) | 0,288 | 4,71–7,00( 4) | 6,10 | 0,22–0,32 (4) | 0,26 |
| Alaunschiefer | 2,55(18) | 3,43–9,93(18) | 5,07 | 0,623–1,890(3) | 1,650 | 2,87–4,68( 6) | 4,28 | 0,22–0,39 (6) | 0,31 |
| Ockerkalk | 2,73(16) | 0,38–2,21(16) | 1,01 | 0,005–0,053(4) | 0,022 | 6 75–9,70( 8) | 7,91 | 0,20–0,31 (8) | 0,24 |
| Kieselschiefer | 2,51(17) | 0,63–2,65(17) | 1,65 | 0,169–0,272(2) | 0,219 | 5,55–8,05( 7) | 7,43 | 0,14–0,27 (7) | 0,21 |
| Lederschiefer | 2,66(22) | 1,47–6,15(22) | 1,38 | 0,250–1,860(6) | 1,031 | 4,03–6,47(14) | 5,17 | 0,18–0,39(14) | 0,24 |

Bemerkungen: 1 – Schwankungsbreite; 2 – Mittelwert

In Klammern steht die Menge der Bestimmungen, die im Labor für physikomechanische Bestimmungen von Gesteinen beim IGEM Akad. Nauk SSSR von G. W. WLASOW, O. N. KORTKIN und E. A. SANIN durchgeführt wurden.

(GESEWA 1957) und eine Chloritisierung sowie Verquarzung der Intrusivgesteine gekennzeichnet ist.

2. Das absolute Alter der Pechblende in den Erzkörpern der Kieselschiefer und Lederschiefer konnte festgestellt werden, wobei sich nach dem Verhältnis $Pb^{207}:U^{235}$ ein Alter von 186 und 215 Millionen Jahren ergab. Dieses Alter der Erze stimmt mit dem Alter der Pechblende typischer hydrothermaler Uranganglagerstätten dieses Gebietes überein und spricht von einem beachtlichen Sprung (100—120 Mill. Jahre) zwischen der Erzbildung und den Hauptphasen der Faltung ($C_1$—$C_2$) und der Regionalmetamorphose.

3. Spezielle Berechnungen, die unter Berücksichtigung der möglichen Durchschnittsgehalte an primär-sedimentärem Uran in den Kieselschiefern und Ockerkalken durchgeführt wurden, ergaben, daß im vorliegenden Erzfeld die Uranmenge in den Erzen deren Gehalt in den silurischen Gesteinen übertrifft.

Die Verteilung der Uranerze in den Lagerstätten beider Typen spricht doch für eine Uranzufuhr in die silurischen Gesteine und seine Ablagerung aus hydrothermalen Lösungen, obwohl die Möglichkeit einer unterschiedlichen Auslegung der Genese im gegebenen Fall nicht ausgeschlossen ist.

Die silurischen Gesteine unterscheiden sich von den monotonen ordovizischen und devonischen Schichten vorwiegend durch die höheren Gehalte an organischem Stoff, die teilweise Wechsellagerung, den lithologisch differenzierten Stoffbestand und die physikomechanischen Eigenschaften. Die Merkmale von Redoxreaktionen der uranführenden Lösungen mit dem organischen Stoff und Pyrit deuten auf einen gewissen Einfluß erhöhter Gehalte von Reduktionsmitteln auf die Erzablagerung im Silur. Jedoch hängt die Lage der Erzkörper in den verschiedenen Gesteinen des Ordoviziums und Silurs sowie der Diabase nicht von der Menge des organischen Stoffes ab, sondern von der Intensität der tektonischen Bewegungen und den physikomechanischen Eigenschaften der Gesteine.

Die Deformierbarkeit der verschiedenen Gesteine zeigt, daß im Profil Ordovizium—Silur—Devon während der Bildung vor-, syn- und nachtektonischer Störungen die silurischen Gesteine die intensivsten Deformationen erlitten. Das geringmächtige Paket silurischer Ablagerungen bildet eine eigenartige spröde Zwischenschicht, die von plastischen Schiefern des Ordoviziums und Devons umgeben ist und in der infolge mehrfacher Deformationen Bereiche entstanden, die in struktureller Hinsicht für eine Erzablagerung günstig waren.

Vermutlich führte die lange Zirkulation der uranführenden Lösungen längs der nachtektonischen Brüche in den monotonen Lederschiefern zur Herstellung des physikochemischen Gleichgewichts der Lösungen mit dem umgebenden Milieu, und eine intensive Erzablagerung in diesen plastischen Gesteinen konnte daher verhindert werden. Mit dem Eintritt der Lösungen in die interformationellen Störungen wurden die Bedingungen zur Erzablagerung infolge scharfen Wechsels des Chemismus des umgebenden Milieus und dem Fallen des äußeren Druckes gesteigert. So lokalisierte sich in Abhängigkeit von der Intensität der vormineralischen Deformation die Uranvererzung entweder inmitten der silurischen Gesteine (Lagerstätten zweiten Typs) oder im Dach der Lederschiefer (Lagerstätten ersten Typs).

## Schlußfolgerungen

1. Die wichtigsten erzkontrollierenden Strukturen von Uranlagerstätten in Kieselschiefern und Kalksteinen sind die nachtektonischen Verwerfungen, die nach den Hauptfaltungsphasen und der Regionalmetamorphose auftraten.

2. Nach dem Bildungsmechanismus, der Lokalisierung und den Formen der Erzkörper können im betrachteten Erzfeld zwei Lagerstättentypen ausgehalten werden:

a) Lagerstätten ersten Typs mit konkordanten Erzkörpern (schicht- und sattelförmig) im Dach der Lederschiefer und

b) Lagerstätten zweiten Typs mit diskordanten Erzkörpern (säulen- und gangförmig, linsenartig) in silurischen Gesteinen und Diabasen.

3. Die Lokalisierung der Erzkörper beider Typen ist in den verschiedenen Gesteinen durch eine ungleichartige Deformierbarkeit dieser Gesteine bei der Entstehung nachtektonischer Brüche bedingt. Bei einer geringen Ausprägung derartiger Brüche ohne wesentliche Zerrüttung der stabilen silurischen Gesteine wurden die Uranerze als konkordante Lager im Dach der Lederschiefer gebildet. Die Bindung der diskordanten Erzkörper an die silurischen Gesteine wurde durch die spröden Deformationen in den stabilen Kieselschiefern, Kalksteinen und Diabasen und durch die intensive Entwicklung von nachtektonischen Störungen hervorgerufen.

4. Die lithologische Kontrolle der Uranerzkörper durch die silurischen Gesteine wird vorwiegend durch die starke Anisotropie zwischen den elastischen und stabilen Eigenschaften der ordovizischen, silurischen und devonischen Gesteine bedingt.

## Literatur

GESEWA, P. W.: Zur Charakteristik des sedimentär-metamorphen Typs der Uranvererzung. In: Sbornik: Fragen der Geologie des Urans. — Atomisdat, Moskau 1957.

GESEWA, P. W.: Einige Tatsachen über das Verhalten von Uran bei der Metamorphose. In: Sbornik: Fragen der angew. Radiogeologie. — Gosatomisdat, Moskau 1963.

KORSHINSKI, D. S.: Abriß der metasomatischen Prozesse. In: Sbornik: Grundprobleme der Lehre über die magmatogenen Erzlagerstätten. — Isd-wo AN SSSR, Moskau 1955 (deutsch: Akademie-Verl., Berlin 1965).

KOTLJAR, W. N.: Geologie und genetische Typen wirtschaftlicher Uranlagerstätten. — Gosgeoltechisdat, Moskau 1961.

LUKIN, L. I., & E. P. SONJUSCHKIN: Strukturen hydrothermaler Uranlagerstätten und einige Fragen ihrer Genese. — Isw. akad. nauk SSSR, ser. geol., Nr. 3, Moskau 1958.

RYBALOW, B. L.: Strukturelle Besonderheiten und Fragen der Genese von Uranlagerstätten in Schwarzschiefern und Karbonatgesteinen. — Geol. rudn. mestoroshd., Nr. 2, Moskau 1965 (deutsch: Schriftenr. SDAG Wismut. — Wiss.-techn. Erkenntnisse bei der Uranerkundung in der Sowjetunion, H. 7).

SURASHSKI, D. J.: Methoden der Suche und Erkundung von Uranlagerstätten. — Atomisdat, Moskau 1960.

Zeitschrift für angewandte Geologie, Bd. 16 (1970), Heft 6



# Methodische Fragen der industriellen Erkundung und Vorratsberechnung bei der Vorbereitung von Erdöllagerstätten zum Abbau

N. E. Bykow, A. I. Stepanow, M. N. Kotschetow & J. P. Gattenberger, UdSSR

Das heutige beschleunigte Tempo bei der Entwicklung der Erdölgewinnungsindustrie stellt neue, erhöhte Anforderungen an Tempo und Qualität bei der Vorbereitung der Lagerstätten zum Abbau. Dadurch wird es notwendig, ständig einerseits die Methoden und die Praxis der industriellen Erkundung zu vervollkommnen, um die Parameter für die Berechnung der Erdöl- und Erdgasvorräte in industriellen Klassen zu erhalten und um die technologischen Abbauschemata erarbeiten zu können und andererseits auch die Methoden der Vorratsberechnung und der Einschätzung des Sicherheitsgrads dieser Parameter weiterzuentwickeln.

Die Aufgaben und Methoden der industriellen Erkundung haben sich in den letzten 20 bis 25 Jahren grundlegend geändert. Gegenwärtig kann nicht eine einzige Erdöllagerstätte ohne ein wissenschaftlich begründetes technologisches Abbauschema in den Abbau überführt werden. Das bestimmt auch in erster Linie die neuen Anforderungen an die industrielle Erkundung, um die notwendigen Angaben für die Abbauprojektierung zu erhalten. Umfang und Anzahl der Daten, die im Verlauf der industriellen Erkundung ermittelt werden müssen, haben sich bedeutend erhöht. Besondere Bedeutung erlangten die Angaben zur Charakterisierung der Heterogenität der produktiven Horizonte über die Fläche und im Profil, über den Zusammenhang der Lager mit den Randwasserzonen und über die energetischen Möglichkeiten des hydrodynamischen Systems. Diese Angaben bestimmen in bedeutendem Maße die Anzahl der Erkundungsbohrungen.

Eine wichtige Besonderheit der gegenwärtigen Lage in der industriellen Erkundung besteht darin, daß sich das Anwachsen der Forderungen an ihre Ergebnisse im Rahmen einer klaren Tendenz zur Verringerung der Anzahl der Erkundungsbohrungen entwickelt. Das ist jedoch kein Widerspruch. Eine Analyse der Erkundungsarbeiten auf vielen Lagerstätten hat gezeigt, daß häufig sogar bei einer großen Anzahl niedergebrachter Erkundungsbohrungen die aus ihnen erhaltene Information für eine sichere Bewertung der Vorräte und für die Anfertigung eines technologischen Abbauschemas nicht ausreichte, wenn die Untersuchungen im Bohrloch nur in unzureichendem Umfang durchgeführt wurden.

Zu den wesentlichsten Mängeln der Erkundung gehören:

ein sehr geringer Kerngewinn aus den produktiven Schichten;

eine unrationelle Komplexivität und eine geringe Qualität der bohrlochgeophysikalischen Messungen;

ein unzureichender Umfang und eine ungenügende Qualität der Probenahme aus den produktiven Horizonten, insbesondere auf Mehrschichtlagerstätten;

eine geringe Anzahl und eine schlechte Qualität der hydrodynamischen Untersuchungen der Schichten und Bohrungen.

Daraus ergibt sich die Notwendigkeit, neue moderne Untersuchungsmethoden umfassender anzuwenden und die Qualität der Untersuchungen von Bohrungen und Schichten zu erhöhen. Darin besteht die größte Reserve für die Erhöhung der Effektivität der industriellen Erkundung.

Eine große Hilfe bei der Klärung von Fragen der Abbauprojektierung können hydrodynamische Untersuchungen der im Randwasser stehenden Erkundungsbohrungen leisten. Auf der Grundlage dieser Untersuchungen werden die Existenz und der Charakter einer hydraulischen Kommunikation der erdölführenden Zone der Schichten mit der Randwasserzone, die energetischen Ressourcen des Systems, die Filtrationsparameter der Schichten in der Randwasserzone, die Lage der Wasser-Erdöl-Kontakte u. a. ermittelt. Leider werden sehr häufig Erkundungsbohrungen, die außerhalb der Grenzen der Erdölführung liegen, liquidiert, ohne Untersuchungen in ihnen vorzunehmen. Viele verrohrte Bohrungen werden verwahrt, ohne hydrodynamische Untersuchungen vorzunehmen und ohne eine ständige Beobachtung des Pegelstands durchzuführen.

Aus einer sorgfältigen Untersuchung der Randwasserbohrungen erhält man wertvolle Informationen. So wurden z. B. an Hand der Ergebnisse der hydroakustischen Überwachung auf der Lagerstätte Megion eine Wechselbeziehung der Lager mit der Randwasserzone, in Ustj-Balyk eine Verbindung zwischen den Schichten, auf der Lagerstättengruppe von Schaim lithologische Abschirmungen usw. festgestellt.

Die Vervollkommnung der Methodik der industriellen Erkundung wird nicht nur von der Notwendigkeit einer schnellen und qualitativ guten Vorbereitung neuer Lagerstätten und Lager zum Abbau bestimmt. Für die Durchführung dieser Arbeiten werden beträchtliche Mittel und etwa 52% des Gesamtumfangs an Such- und Erkundungsbohrungen in der UdSSR verwendet. Die Kosten der industriellen Lagerstättenerkundung betragen 50—70% der Kosten aller geologischen Erkundungsarbeiten (vom Nachweis der Struktur bis zur Übergabe der Lagerstätte für die industrielle Nutzung). Eine ökonomischere Verwendung eines Teils dieser Mittel ohne Verringerung der Qualität bei der Vorbereitung nachgewiesener Lagerstätten für die Vorratsberechnung und Abbauprojektierung schafft bessere Bedingungen für eine Erweiterung der Sucharbeiten, was zu einer Verkürzung der Zeiten für den Nachweis neuer Erdöllager beitragen wird.

In den letzten Jahren wurden in Westsibirien und in Westkasachstan große Mehrschichtlagerstätten — Ustj-Balyk, Uzenj u. a. — aufgeschlossen. Die Praxis der Erkundung und Abbauprojektierung dieser Lagerstätten gestattet es, eine Reihe von Besonderheiten in der Methodik ihrer Erkundung auszuhalten.

In der ersten, der Suchperiode, ist es notwendig, eine Bewertung der Perspektiven der Erdöl-Erdgas-Führung des gesamten Schichtenkomplexes der zu erkundenden Fläche vorzunehmen. Dazu sind einige tiefe Bohrungen bis zum Fundament bzw. bis zur maximal zu erreichenden Teufe niederzubringen.

In der Praxis der geologischen Erkundungsarbeiten jedoch gibt es Fälle, in denen das Niederbringen der ersten Erkundungsbohrungen mit dem Aufschluß der obersten produktiven Horizonte beendet wird, wie z. B. in den Gebieten von Surgut und Nishne-Wartowskoje (Melik-Paschajew 1965; Melik-Paschajew, Owanesow, Bykow & Stepanow 1968).

Es muß hervorgehoben werden, daß das Fehlen von Bohrungen, die eine Charakterisierung der Perspektiven der Erdöl-Erdgas-Führung des Gesamtkomplexes der sedimentären Bildungen ermöglichen, die Projektierung der industriellen Erkundung von Mehrschichtlagerstätten in erheblichem Maße erschwert. Auf diese Weise können auch nicht die Existenz aller Lager und ihre Lage im Profil ermittelt, die Erkundungsstockwerke abgegrenzt und die Reihenfolge ihrer Erkundung festgelegt werden. Weiterhin kann damit die Lösung der Frage nach der Möglichkeit eines einheitlichen Erkundungsprojekts für alle Stockwerke bzw. für jedes Stockwerk einzeln unter Beachtung der Reihenfolge verzögert werden.

Aus: „Geologija nefti i gasa", Nr. 10, S. 34—37, Moskau 1969.
Übers.: Dr. K.-H. Bintig, ZGI, Berlin.

Der Abbauplan für Mehrschichtlagerstätten, wie er im Projekt vorgesehen ist, erfordert auch ein besonderes Herangehen an die Erkundung. Das Generalschema für den Abbau muß für die gesamte Mehrschichtlagerstätte und nicht nur für einen oder zwei gesonderte Horizonte erarbeitet werden. Solche Fragen, wie das Aushalten der Förderobjekte, die Festlegung eines Systems von Sekundärmaßnahmen nach Abbauobjekten und Horizonten, die Festlegung der optimalen Förderrate aus der Lagerstätte, die Aufteilung der Förderung auf die Objekte und Horizonte und viele andere, müssen für die gesamte Lagerstätte entschieden werden. Folglich müssen auch die industrielle Erkundung und die Vorratsberechnung für die gesamte Lagerstätte durchgeführt werden (KRYLOW, BORISOW, BYKOW & ORLOW 1965).

Somit müssen nach den Ergebnissen der ersten Such- und Erkundungsbohrungen, ihrer Beprobung, der durchgeführten Tests, der Untersuchung der Kerne und der Auswertung der Materialien der bohrlochgeophysikalischen Untersuchungen im Profil einer Mehrschichtlagerstätte alle aufgeschlossenen erdöl-erdgasführenden Horizonte in Erkundungsstockwerke zusammengefaßt werden. Zur Einteilung in die Erkundungsstockwerke ist folgendes zu ermitteln:

die Anzahl der produktiven Horizonte im Profil der Lagerstätte und die Möglichkeit, sie durch qualitative Tests in einer Bohrung zu untersuchen;

die Mächtigkeit und der Charakter des Baus der Zwischenschichten und die Existenz wasserführender Horizonte in ihnen;

die Größe der Lagerflächen in den verschiedenen Horizonten sowie die wahrscheinlichen Erdölvorräte je Horizont;

die Existenz von ausschließlich Erdölhorizonten oder von Öl-Gas- und Gas-Erdölhorizonten im Profil der Lagerstätte;

die mögliche Produktivität jedes Horizontes im Verlauf der Suchperiode;

die Bedingungen für das Niederbringen der Bohrungen auf einzelne stratigraphische Komplexe.

Bei der Unterteilung in Erkundungsstockwerke ist es wichtig, daß im oberen Teil jedes Stockwerks der Horizont mit der größten Ausdehnung der erdölführenden Fläche, mit bedeutenden Vorräten und hohen Erdölförderraten vorhanden ist, damit nach dem Test der unteren, zweitrangigen Horizonte (Schichten) des Stockwerks die Erkundungsbohrungen auf den oberen, hochproduktiven Horizont für eine längere Nutzungszeit „zurückkehren" können.

Wenn im Anfangsstadium der Erkundungsarbeiten (in der Suchperiode) im Profil der Lagerstätte mehrere Erkundungsstockwerke ausgeschieden werden, deren Lager vom technisch-ökonomischen Standpunkt aus gegenwärtig abbauwürdig sind, so sind die weiteren Vorbereitungsarbeiten der Lager zum Abbau am effektivsten so durchzuführen, daß man mit dem untersten Erkundungsstockwerk beginnt. Wenn ein entsprechender Gerätepark vorhanden ist und wenn die hochproduktiven Lager in zwei oder mehreren Erkundungsstockwerken auftreten, so kann offensichtlich die industrielle Erkundung dieser Stockwerke auch gleichzeitig durch jeweils selbständige Netze von Erkundungsbohrungen durchgeführt werden.

Zu den positiven Aspekten der hier empfohlenen Reihenfolge der Arbeiten nach dem Prinzip „von unten nach oben" im Ablauf der industriellen Erkundung von Mehrschichtlagerstätten gehören auch der Erhalt zusätzlicher Informationen über die oberen Horizonte beim Stoßen der Bohrungen auf tiefere Horizonte und die Möglichkeit einer effektiveren Ausnutzung des Fonds an Erkundungsbohrungen durch die Zurücknahme von erfolglosen Sonden (durch Havarien oder mit geringem Zufluß) auf die oberen Horizonte (MELIK-PASCHAJEW 1965).

Wenn die im Verlauf der Erkundungsarbeiten nachgewiesenen Lager der verschiedenen Stockwerke hinsichtlich ihrer industriellen Bedeutung nicht gleichwertig sind und wenn infolge der Kompliziertheit des geologischen Baues die Erkundung der Lager eines der Stockwerke wesentliche Schwierigkeiten bereitet, so muß offensichtlich die industrielle Erkundung mit den Horizonten beginnen, die die größte praktische Bedeutung haben. Eine Abweichung von diesem Grundsatz kann zu einer nicht gerechtfertigten zeitlichen Verzögerung bei der Vorbereitung der produktivsten Horizonte zum Abbau und zu einem Tempoverlust beim Förderzuwachs für die Lagerstätte insgesamt führen.

Die industrielle Erkundung jener Horizonte, die durch einen komplizierten Bau der Lager und durch relativ geringe Erdölvorräte gekennzeichnet sind, erfolgt zweckmäßigerweise nach der industriellen Erschließung der Felder, d. h. bereits während des Abbaus der wichtigsten produktiven Horizonte.

Die Methodik der industriellen Erkundung und ihr Umfang auf der Lagerstätte werden in bedeutendem Maße durch die Anforderungen an die Vorbereitung von Lagerstätten zur Berechnung von Vorräten höherer Klassen bestimmt.

Um wirklich zuverlässige Angaben über die Lagerstätte entsprechend der gültigen Instruktion[1]) zu erhalten, müssen 40% der Vorräte in den Klassen A und B vorliegen (davon 20% in der Klasse A). Dieses Vorratsverhältnis berechtigt zur Projektierung des Abbaus der Lagerstätte und zu Investitionen für den Bau von Betriebsanlagen. Es ist jedoch bekannt, daß in den letzten Jahren nicht eine einzige neu in den Abbau überführte Lagerstätte ein etwa ähnliches Verhältnis der Vorräte in den Klassen A und B aufwies; für sämtliche Lagerstätten war dieser Wert bedeutend kleiner, wobei noch in vielen Fällen Vorräte der Klasse A überhaupt fehlten. Dieses obengenannte Verhältnis wurde ohne irgendwelche wirklich ernsthaften geologisch-industriellen und technisch-ökonomischen Begründungen eingeführt. Es berücksichtigt nur in geringem Maße die Besonderheiten des geologischen Baues der Lagerstätten und überhaupt nicht die ökonomischen Bedingungen des Gebietes, in dem die Lagerstätte nachgewiesen wurde, seine Lage zu Industrie- und Verarbeitungszentren, zu Erdöl- und Erdgasleitungen und, was besonders wichtig ist, auch nicht die Beschleunigung der Arbeiten und die Forderungen von seiten der Verarbeitung.

Auf einer geologischen Beratung in Saratow im November 1967 wurde darüber befunden, daß es notwendig ist, auf die Vorbereitung von Erdöl- und Erdgasvorräten der Klasse A durch Erkundungsbohrungen zu verzichten, wobei aber die Anforderungen für die Einstufung der Vorräte in die Klassen $C_1$ und B hinsichtlich einer grundlegenden Verbesserung in der Qualität der Testarbeiten und der Bohrlochuntersuchungen erhöht wurden (MELIK-PASCHAJEW, OWANESOW, BYKOW & STEPANOW 1968). Dieses Verfahren muß zu einer beschleunigten Nutzung der Lagerstätten und zur Erhöhung der Effektivität der geologischen Erkundungsarbeiten beitragen.

Man darf jedoch nicht annehmen, daß die obenerwähnte Verringerung des Vorratsanteils in den hohen Klassen (wobei die Summe der A- und B-Vorräte bei weitem 40% nicht erreichte) bei den in den letzten Jahren in Abbau genommenen Lagerstätten von einer Verringerung des Umfangs an Erkundungsbohrungen und von einer Verkürzung der Erkundungszeiten begleitet war. Die Verringerung des Anteils der hohen Vorratsklassen erklärt sich aus dem unzureichenden Umfang und dem niedrigen Niveau der Bohrlochuntersuchungen. So werden z. B. für die Vorratsklassen A und B bestimmte maximale Abstände zwischen den Erkundungsbohrungen und auch ein entsprechender Komplex von Untersuchungsarbeiten in den Bohrungen empfohlen.

Eine Analyse der Bohrdichte auf den Lagern, des Untersuchungsgrades der Schichtparameter und der auf dieser Grundlage vorgenommenen Einstufung in die Vorratsklassen zeigte, daß bei 41 Teilfeldern auf 11 Lagern von großen Lagerstätten (Dmitriewskoje, Perwomaiskoje, Uzenskoje, Megionskoje) die tatsächlichen Abstände zwischen den Erkundungsbohrungen innerhalb jedes Lagers ziemlich deutlich entsprechend den Vorratsklassen differenziert wurden — je höher die Vorratsklasse, desto geringer der mittlere Abstand zwischen den Erkundungsbohrungen. Diese tatsächlich verwendeten Abstände liegen jedoch im allgemeinen näher an den in den Instruktionen der Staatlichen Vorratskommission empfohlenen Minimalwerten und nicht bei den Maximalwerten.

So betragen die Bohrabstände auf den Teilfeldern der Lager mit Vorräten der Klasse A etwa die Hälfte der in den Instruktionen der Staatlichen Vorratskommission empfohlenen Maximalabstände; bei der Vorratsklasse B sind die Abstände zwischen den Bohrungen ebenfalls annähernd die Hälfte der Maximalwerte und entsprechen in der Regel den für die Vorratsklasse A vorgesehenen Abständen. Für Vorräte der Klasse $C_1$ sind in den Instruktionen der Staatlichen Vorrats-

[1]) d. h. die Instruktion der UdSSR (die Redaktion)

kommission keine Abstände zwischen den Bohrungen vorgegeben; für die untersuchten Lager jedoch waren sie kleiner als die für die Vorratsklasse B und sogar für die Vorratsklasse A vorgesehenen. Bei den Lagern mittlerer Lagerstätten (auf 13 Teilfeldern der Tanynsker, Konstantinowsker und Archangelsker Lagerstätte) entsprechen die Abstände zwischen den Bohrungen auf Flächen der Vorratsklasse A annähernd den in den Instruktionen der Staatlichen Vorratskommission empfohlenen Werten; für die Vorratsklasse B waren sie geringer als diese und für die Vorratsklasse $C_1$ sogar noch kleiner als die für die Klasse B empfohlenen Werte.

Eine derartige Situation in der Erkundungspraxis erklärt sich daraus, daß die ermittelten Vorräte infolge des geringen Erforschungsgrads der Schichtparameter (Speichereigenschaften, Erdölsättigung, effektive Mächtigkeit u. a.) bei ihrer Bestätigung durch die Staatliche Vorratskommission nur in niedrigere Vorratsklassen eingestuft werden, obwohl die Abstände zwischen den Erkundungsbohrungen der Instruktion für höhere Vorratsklassen entsprechen. Bei einer Vergrößerung des Abstands zwischen den Bohrungen und einer Erhöhung der Qualität der Untersuchungen können die gleichen Vorratsklassen mit der Hälfte der tatsächlich niedergebrachten Bohrungen erhalten werden. Um die derzeitige Praxis der Arbeiten zu verändern, muß bei der Erkundung von Erdöllagern dem Komplex, dem Umfang und der Qualität der Untersuchungen für eine zuverlässige Bestimmung der Berechnungsparameter größere Aufmerksamkeit gewidmet werden.

Hinsichtlich der empfohlenen Abstände zwischen den Erkundungsbohrungen muß darauf hingewiesen werden, daß die Instruktion der Staatlichen Vorratskommission eine umfangreiche praktische Erfahrung bei der Erkundung von Erdöllagern widerspiegelt, daß diese Abstände aber trotzdem in gewissem Grade nur Orientierungsgrößen sind.

Eine wesentliche Hilfe für die Begründung rationeller Abstände zwischen den Erkundungsbohrungen leistet die Anwendung von Methoden der Theorie der zufälligen Funktionen, deren Wesen in der Ermittlung der korrelativen Zusammenhänge zwischen den Größen der Parameter bei verschiedenen Bohrabständen besteht. Dabei können die Abstände bestimmt werden, bei denen die örtlichen und die regionalen Gesetzmäßigkeiten in der Veränderung des untersuchten Parameters erkannt werden.

Bis heute ist die Frage der Konditionsgrenzen für die Parameter der produktiven Schichten (untere Grenzen der Permeabilität, der Porosität, der ölgesättigten Mächtigkeit, der Förderraten, der Koeffizienten der Erdölsättigung) nicht gelöst. Sie ist jedoch von großer Bedeutung für die Bewertung des industriellen Potentials der Lager und für die Projektierung ihres rationellen Abbaus. Wenn auch für die Bestimmung der unteren Grenze der Permeabilität der produktiven Speicher eine vorläufige, allerdings noch unvollständige Lösung existiert (aus der Abhängigkeit der spezifischen Produktivitätskoeffizienten von der Porosität der Gesteine), so gibt es für die restlichen Parameter nicht einmal Näherungslösungen. Die Bestimmung der Konditionsgrenzwerte für die Parameter der industriell produktiven Speicher muß durch komplexe Untersuchungen auf den Gebieten der Geologie, des Abbaus der Erdöllagerstätte, der physikalischen Eigenschaft der Schicht und der Ökonomie erfolgen.

Gegenwärtig wird im Prozeß der Untersuchung des geologischen Baus der zum Abbau vorzubereitenden Lagerstätten der Versuchsförderperiode mit einer Zeitdauer von sechs Monaten bis zu einem Jahr eine bedeutende Rolle zuerkannt. In diesem Zeitraum werden alle überhaupt in Frage kommenden Erkundungsbohrungen in systematische Förderung genommen, um damit stabile Parameter zur Charakterisierung der Abbaumöglichkeiten der Lagerstätte zu erhalten. An diesen Bohrungen muß in einer verbindlichen Reihenfolge der gesamte Komplex der hydrodynamischen Untersuchungen durchgeführt werden.

Für eine begründetere Anordnung von Injektions- und Produktionssonden mit dem Ziel, alle Zwischenschichten in den Abbau mit einzubeziehen, ist nicht nur die Kenntnis der mittleren Parameter je Horizont erforderlich. Allerdings kann man die Aufgabe der Detaillierung des Baues der erdölführenden Horizonte, des Grades ihrer Aufspaltung in einzelne Schichten, der Verbreitungsgrenzen der einzelnen Schichten und ihrer Speichereigenschaften nicht nur den Erkundungsbohrungen allein übertragen. Ein solches Herangehen kann eine große Anzahl zusätzlicher Erkundungsbohrungen notwendig machen und damit die Zeitdauer und die Kosten der Erkundung erhöhen. Solche Untersuchungen müssen in einem erheblichen Umfang innerhalb des erdölführenden Teils des Lagers durchgeführt werden, d. h. im Verlauf der Versuchsförderung, also nicht durch zusätzliche Erkundungsbohrungen, sondern beim Niederbringen der vorgezogenen Produktionsbohrungen aus dem Gesamtumfang des zukünftigen Fonds an diesen Bohrungen. Diese Bohrungen liefern ein sehr wertvolles Material für die Erarbeitung des technologischen Abbauschemas und wurden bei Erarbeitung dieses Schemas durch das Produktionsnetz berücksichtigt. Dies alles gestattet, die Anzahl der Erkundungsbohrungen ohne Verlust an Informationsumfang innerhalb der Lager zu verringern und einen großen Teil des Erkundungsbohrvolumens für die Untersuchung der Kontakt- und Randwasserzonen zu verwenden.

Eine große Reserve für die Vervollkommnung der Methodik der industriellen Erkundung von Erdöllagerstätten kann die wissenschaftliche Begründung der Minimalforderungen an den Untersuchungsgrad sein. Dabei müssen die Kompliziertheit des geologischen Baues der Lagerstätte, die Existenz bereits in Abbau befindlicher Lagerstätten im gegebenen Gebiet, die Besonderheiten ihres geologischen Baues und der angewendeten Abbauschemata, die geologisch-ökonomischen Bedingungen des Gebietes, der Stand der Entwicklung des Transportnetzes usw. berücksichtigt werden.

Die Lösung aller dieser Fragen für die verschiedenen Gebiete des Landes ist eine wichtige Aufgabe der wissenschaftlichen Organisationen.

Außerdem kann eine Reihe von organisatorischen Maßnahmen zur Erhöhung der Effektivität und des Erfolgsgrades der industriellen Erkundung beitragen. So muß z. B. zur Erarbeitung des Projektes der industriellen Erkundung unbedingt die wissenschaftliche Forschungseinrichtung hinzugezogen werden, der später dann die Anfertigung des technologischen Schemas übertragen wird; eben diese Einrichtung muß dann auch die operative Überwachung der Realisierung des Projektes der industriellen Erkundung ausüben.

Das Projekt zur industriellen Erkundung von Mehrschichtlagerstätten muß in mehreren Varianten — hinsichtlich der Anzahl der Erkundungsbohrungen, des Systems ihrer Anordnung des Komplexes und der Anzahl der Testarbeiten und Untersuchungen in jeder Bohrung usw. — erarbeitet werden. Die günstigste Variante muß auf der Grundlage einer geologisch-ökonomischen Analyse ausgewählt werden.

In den Ergebnisberichten über die Erkundung muß eine quantitative Analyse zur Vollständigkeit und Zuverlässigkeit der Parameter für die Vorratsberechnung und für die Erarbeitung des Abbauschemas enthalten sein.

Ferner muß die Thematik der wissenschaftlichen Forschungsinstitute hinsichtlich der Methodik und Analyse der Praxis der industriellen Erkundung grundlegend erweitert werden. Alle diese Maßnahmen werden zur Erhöhung der Reserven für die Vervollkommnung der industriellen Erkundung von Erdöllagerstätten und ihrer Vorbereitung auf einen rationellen Abbau beitragen.

## Literatur

KRYLOW, A. P., J. P. BORISOW, N. E. BYKOW & W. S. ORLOW: Über einige prinzipielle Leitsätze der Projektierung von mehrschichtigen Erdöllagerstätten und ihrer Überführung in den Abbau. — Neftjanoje chosjaistwo, Nr. 8 (1965).

MELIK-PASCHAJEW, W. S.: Die Effektivität der industriellen Erkundung von Erdöllagerstätten muß erhöht werden. — Neftegasowaja geologija i geofisika, Nr. 4 (1965).

MELIK-PASCHAJEW, W. S., G. P. OWANESOW, N. E. BYKOW & A. I. STEPANOW: Methodische Grundsätze der Erkundung und der Abbauvorbereitung von Erdöllagerstätten. — Geologija nefti i gasa, Nr. 2, Moskau 1968.

SHABREW, I. P., I. Ch. ABRIKOSOW u. a.: Die Lage und die Wege zur Vervollkommnung der Methodik der Suche und Erkundung von Erdöl- und Erdgaslagerstätten. — Geologija nefti i gasa, Nr. 2, Moskau 1968.

# Zur geologischen Situation der Kohlensäureausbrüche im Werra-Gebiet unter besonderer Berücksichtigung des Grubenbetriebs „E. Thälmann“

JOCHEN VOGEL, z. Zt. Freiberg, & RUDOLF SCHÄBITZER, Merkers

(Sektion Geowissenschaften der Bergakademie Freiberg, Arbeitsgruppe Geochemie/Mineralogie, Sektionsveröffentlichung Nr. 83 und Mitteilung aus dem VEB Kaliwerk „Werra“, Merkers)

## 1. Einleitung

Zu Beginn der bergmännischen Erschließung des Werra-Kalireviers ereignete sich 1895 der erste Gasausbruch. Mit der weiteren Ausdehnung des Grubengebäudes nahmen Anzahl und Intensität der plötzlichen Ausbrüche von Gas und Salz ständig zu. Auf Grund detaillierter geologischer Beobachtungen auf den Werken „Heldburg“ (Salzungen) und „Dietlas“ kam man bereits 1908 zu dem Ergebnis, daß Gas „... in der Nähe von Rissen und Klüften, die das Lager durchsetzen, zu erwarten ...“ ist. „Es ist daher mit einer gewissen Wahrscheinlichkeit anzunehmen, daß das Einführen und Einpressen von Kohlensäure in die Salze durch die in einer späteren Erdperiode auf den Spalten erfolgten Basaltdurchbrüche zurückzuführen ist“ (SCHEERER).

Damit hat man also bereits zu diesem Zeitpunkt angenommen, daß $CO_2$-Gas magmatischer Herkunft ist und daß Gasimprägnationen in der Nähe von Störungszonen zu erwarten sind, wobei zwischen freier und mineralgebundener Kohlensäure zu unterscheiden ist.

Die quantitativ überwiegende mineralgebundene Kohlensäure kommt in sekundären Salzgesteinen, die durch aszendente Lösungen im Miozän entstanden sind, vor. Dazu gehören z. T. die weißen und roten Carnallitite, die Umwandlungssylvinite und die sich daraus entwickelnden Halitite der Kalilager sowie Lagen grobkristallinen Halits, Sylvins und Carnallits im hangenden Werra-Steinsalz. Teilweise führen auch kainitisierte Bänke im Hartsalz $CO_2$, was an den kleinen Racheln gut zu erkennen ist.

Außerdem kann in kaliführenden Horizonten des Werra-Steinsalzes ebenfalls mineralgebundene Kohlensäure auftreten. Besonders charakteristisch ist die Gasführung des liegenden Begleitflözes (Na 1 $\beta_4$ kie) zum Flöz Hessen (KONITZ, OETTEL & JAHNE).

Gasracheln sind von allen nur möglichen Schichtgrenzen in der Nähe von Störungszonen im Salinar bekannt, so daß auf eine detaillierte Aufzählung verzichtet wird.

In Ergänzung der Arbeit von KOCH & VOGEL, in der die Sylvinitgenese dargelegt wird, sollen nachfolgend die Bedeutung der tektonischen Störungszonen für die Gasführung in den Kalilagern sowie praktische Belange erörtert werden.

Eingang des Manuskripts in der Redaktion: 21. 1. 1970.

## 2. Geologische Verhältnisse und Kohlensäureführung innerhalb einer Störungszone

Die geologisch wechselnden Verhältnisse innerhalb einer Störungszone sind in Abb. 1 dargestellt; es wird deshalb ein zusammenfassender Überblick gegeben.

Es ist klar zu erkennen, daß einerseits breite Sylvinitzonen auftreten (Störungszone 4, nördlicher Teil), während andererseits in der Nähe der Störungszonen (z. B. Abschnitt 5) Trümmercarnallitit vorkommt. Ebenso unterschiedlich ist die Kohlensäureführung, die sowohl im Sylvinit als auch im Trümmercarnallitit und glasigen Carnallitit zu bemerken ist.

Im Süden tritt als weiteres tektonisches Element die Roßdorf—Urnshäuser Störungszone in Erscheinung. Besonders auffällig ist hier die deltaförmige Erweiterung der Sylvinitbegrenzung am Schnittpunkt mit der N—S gerichteten Störungszone. Bedingt durch die Vergitterung ist die Gasführung hier am intensivsten.

Eine Näherung sämtlicher Gasgehalte ergab, daß diese nach Norden hin abfallen. Daneben sind lokale Schwankungen bekannt. Im Bereich 4 ist der Sylvinit mehr oder minder gasfrei, während im Abschnitt 3 große Ausbrüche auftreten (ca. 1500 $m^3$ Ausbruchshohlraum).

Wie später noch gezeigt wird, häufen sich die Racheln in der Randzone des Umwandlungsgebiets, während sie im Zentrum desselben seltener vorkommen. Weiterhin treten Racheln an einer Intrusivbrekzie oder an Schlechten auf. Doch liegen diese Racheln dann im unveränderten Trümmercarnallititlager (keine Lösungszufuhr), oder es handelt sich um Racheln kleinsten Ausmaßes in unmittelbarer Umgebung der Brekzie.

Neben dem Wechsel in der Gasführung treten auch Unterschiede in der petrographischen Zusammensetzung des Intrusivmaterials der Störungszone auf. Darauf soll in diesem Rahmen nicht näher eingegangen werden. Es sei hier lediglich erwähnt, daß Basalt oder basaltische Brekzie nicht die Störungszone, sondern nur ihren charakteristischen Teil darstellen.

So ist beispielsweise im Zentralbereich der Abb. 1 eine Brekzie aufgeschlossen, während im Norden (Abschnitt 1) mm-feine, häufig mit sekundären Salzmineralen verheilte Schnitte auf die Störungszone hinweisen. Andererseits ist in den Abschnitten 4/5 die Abhängigkeit des Auftretens weißer Carnallititlinsen von der Richtung der Störungszone ersichtlich.

Zeitschrift für angewandte Geologie, Bd. 16 (1970), Heft 6


Ebenso differenziert waren die Mengen aszendenter Lösungen, so daß, wie bereits erwähnt, unveränderter Trümmercarnallitit in der Nähe der Störungszonen auftritt. Andererseits führten die quantitativ differenzierten Lösungsmengen zu unterschiedlich breiten Sylvinitzonen. Bei nahe aneinander liegenden Störungen kann es weiterhin bei günstigen tektonischen Verhältnissen und bei entsprechend großen Teillösungsmengen der jeweiligen Störungszone zur Vereinigung der Umbildungslösungen kommen, so daß heute Sylvinitbegrenzungen auftreten, die nicht mit der üblichen N—S-Richtung übereinstimmen und NW-, NE- oder annähernd E—W-Richtung zeigen.

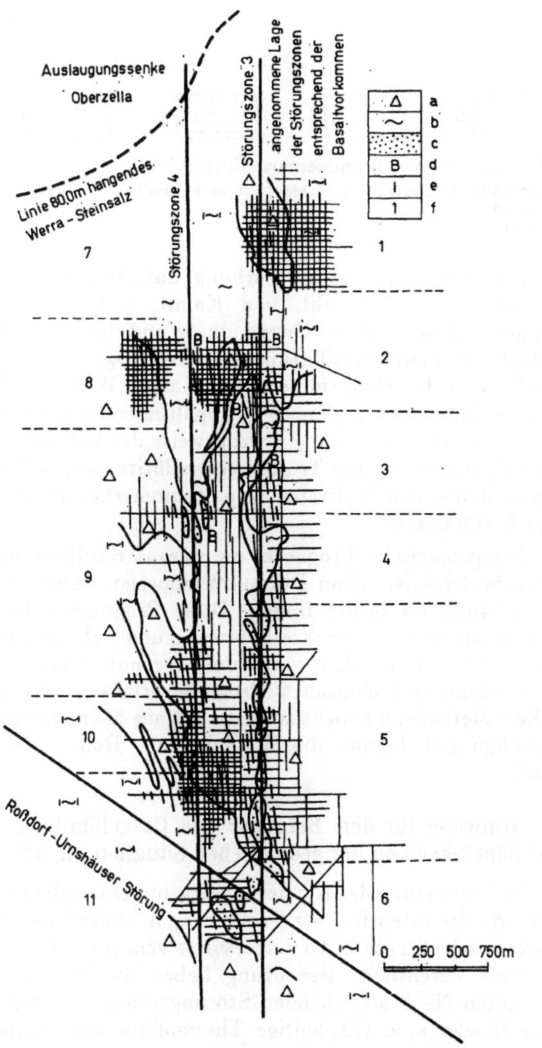


Abb. 1. Die geologische Situation innerhalb einer Störungszone

1 — normale Trümmercarnallititausbildung, Schnitte; 2 — Umwandlung des Trümmercarnallitits bis zur Vertaubung; 3 — teilweise Umwandlung des Trümmercarnallitits, große Ausbrüche; 4 — ausgeprägte Schnittzone, Intrusivbrekzie, z. T. Ton, Umwandlungssylvinit, tektonisch stark gestört; 5 — Trümmercarnallititausbildung mit weißem Carnallitit in Lageraufpressungen und auf Sätteln, zahlreiche Schnitte, z. T. mit Ton; 6 — Vergitterung zweier Störungssysteme, sehr große Gasausbrüche; 7 — Umwandlungssylvinit, Ausfließen von Restlösungen; 8 — Umwandlungssylvinit, Intrusivbrekzie, z. T. Ton, Ausbrüche mittlerer Größe; 9 — Umwandlungssylvinit und teilweise Trümmercarnallititaufpressungen, kleinere Ausbrüche im Übergangsbereich und auf Schnitten; 10 — Umwandlungssylvinit, große Ausbrüche; 11 — sehr große Ausbrüche im Übergangsbereich und in Annäherung an die Vergitterung zweier Störungssysteme; a — Trümmercarnallitit; b — Sylvinit; c — weißer, glasiger Carnallitit oder Sylvinit; d — Intrusivbrekzie; e — Schnitt; f — Abschnitt der Störungszone

Zusammenfassend ist festzustellen, daß freie Kohlensäure auf Klüften im Trümmercarnallitit und Sylvinit auftritt. Mineralgebundenes Gas ist bevorzugt an die Übergangsbereiche Carnallitit/Sylvinit gebunden, wobei die größte Konzentration in jenen Bereichen zu verzeichnen ist, die den Vergitterungen zweier Störungszonen am nächsten liegen.

Infolge des mannigfaltigen Wechsels in der Ausbildung der Störungszonen kam es zu quantitativ unterschiedlichen Lösungsaufstiegen, was einerseits durch ausgeprägte Vertaubungszonen im Zentrum solcher Störungszonen gekennzeichnet ist. Andererseits deutet der Carnallitit unmittelbar am Basalt oder an der Intrusivbrekzie auf keine Lösungszufuhr hin. Entsprechend ist auch die Gasführung unterschiedlich, so daß Ausbrüche innerhalb solcher Störungszonen bis zu 1500 m³ Ausbruchshohlraum zu erwarten sind.

Die Kohlensäure konzentriert sich auf Zonen, die nicht unbedingt mit tektonischen Störungszonen zusammenfallen müssen, meist aber mit diesen zusammenhängen. Zwischen den Störungszonen ist die Lagerstätte frei von $CO_2$. Im Prinzip sind nur schmale Zonen gasführend, die im wesentlichen parallel zu den N—S gerichteten Störungszonen verlaufen.

Nicht jede Störungszone und nicht jede Umwandlungszone führt auf ihrer gesamten streichenden Erstreckung Kohlensäure.

## 3. Geologische Hinweise auf eine erhöhte Gasführung

Ausbrüche im Sylvinit oder im vertaubten Kalilager haben im Hinblick auf die betriebliche Sicherheit keine wesentliche Bedeutung. Man rechnet an den bekannten Störungszonen stets mit dem Auftreten von Gas, so daß aus diesem Grunde alle bergmännischen Arbeiten mit den notwendigen Sicherheitsmaßnahmen durchgeführt werden.

Im Trümmercarnallitit, der auf Grund seiner Genese im Normalfall gasfrei ist, sind keine Schutzmaßnahmen erforderlich, so daß beim „unvermuteten" Erreichen des Übergangsbereichs zum Sylvinit z. T. große Ausbrüche ausgelöst werden.

Nach den heutigen Erkenntnissen und Erfahrungen läßt sich die Annäherung an Gebiete stärkerer Gaskonzentration geologisch feststellen. Es ist bisher noch nie eingetreten, daß ein größerer Ausbruch erfolgt ist, ohne daß vorher einmal ein Ausströmen schnittgebundener (freier) Kohlensäure erfolgte oder daß vor allem Racheln kleinsten Ausmaßes am Tonlöser der Kalilager vorher beobachtet wurden. Man muß allerdings diesen Erscheinungen mehr Beachtung als bisher schenken. Es ist von größtem Interesse, daß man alle geologischen Voranzeichen und Kriterien eines möglichen Ausbruchs kennt. Die Merkmale treffen in ihrer Gesamtheit nie zu, sind aber in der Kombination einzelner Fakten typisch und müssen erkannt und richtig gedeutet werden.

a) In der Regel können die Übergangsbereiche Carnallitit/Sylvinit in zwei Gruppen unterteilt werden. Einmal handelt es sich um Übergänge, die sich über ca. 30 m erstrecken und bei denen demzufolge ein großer Bereich intensivster Ausbrüche auftritt (Typ 1). Kennzeichnend für diesen Typ ist das Fehlen tekto-

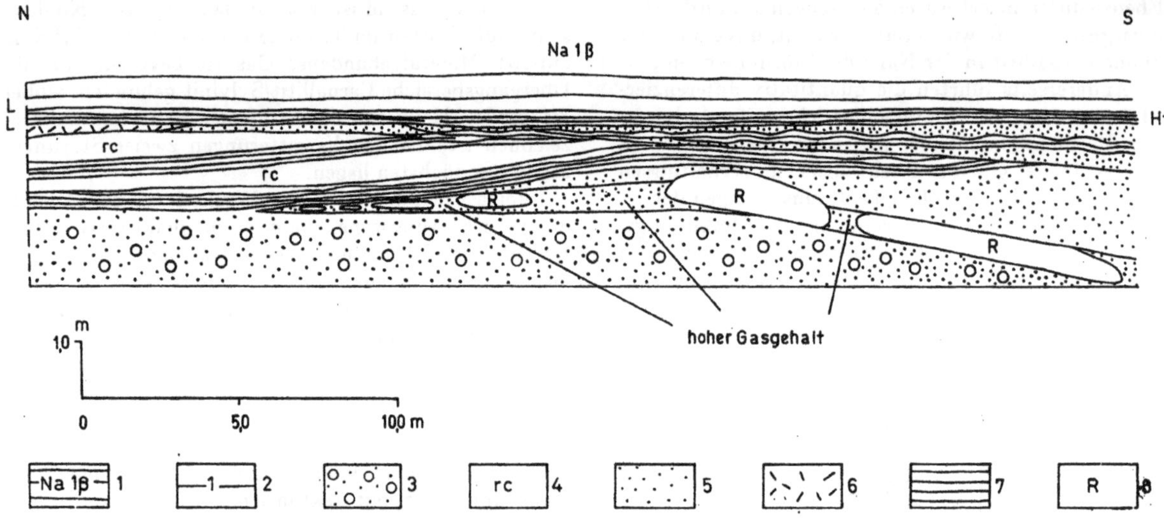


Abb. 2. Die geologischen Verhältnisse in einem Übergangsbereich Trümmercarnallitit/Sylvinit

1 — Mittleres Werra-Steinsalz; 2 — Löser; 3 — Trümmercarnallitit; 4 — roter Carnallitit; 5 — Sylvinit, z. T. blau, z. T. grobkristallin; 6 — Kristallsalz; 7 — Halitit; 8 — $CO_2$-Rachel
(In Kasten 2 lies L)

nischer Störungen in den Kalilagern, so daß der Übergang deutlich ausgeprägt ist (sog. Laugenspiegel) und Ausflüsse von Restlösungen nicht bekannt sind (Abb. 2).

Beim Typ 2 treten größere Laugenausflüsse oder Tropfstellen bzw. Durchfeuchtungen auf. Ausbrüche sind selten oder von nur geringer Intensität. Der Übergangsbereich ist nur von kurzer Erstreckung und meist tektonisch stark gestört.

Die statistische Auswertung der horizontalen Erstreckung der Übergangsbereiche ergab, daß diese, bezogen auf das Grubenfeld „Ernst Thälmann", von durchschnittlich 20 m im Osten auf ca. 30 m im Westen zunehmen und generell von Süden nach Norden (in Abhängigkeit von der Störungszone) um 25—50% abnehmen, was gleichbedeutend mit wesentlichen Unterschieden der zur Verfügung stehenden Menge der Umbildungslösungen ist.

Für die große Intensität der Ausbrüche im Übergangsbereich ist neben der plötzlichen Änderung des mechanischen Verhaltens (ECKART u. a.) von Carnallitit und Sylvinit auch eine erhöhte Gasführung die Ursache. Infolge der hohen Mobilität des Gases wird es bei der Umbildung des Carnallitits und der Wegfuhr des $MgCl_2$ in der peripheren Lösungsfront angesammelt, so daß im Übergangsbereich, in dem der Sylvinit nur allmählich an Mächtigkeit zunimmt, die höchsten Gasgehalte anzutreffen sind (Abb. 2).

b) In Annäherung an den Übergangsbereich Carnallitit/Sylvinit vom unveränderten Trümmercarnallitit aus ist zunächst eine Mächtigkeitszunahme, später eine zunehmende Anzahl der Tonlöser typisch. Der mehr oder minder ruhige Verlauf des Lösers geht in eine intensive tektonische Verfaltung über.

c) Vorhandensein ausgeprägter Schnittzonen;

d) Annäherung an bereits bekannte Störungszonen.

e) Weiterhin weist die Änderung in der mineralogischen Zusammensetzung der Kalilager auf aszendente Lösungen und damit auf mögliche Gasanreicherungen hin. In den obersten Teilen unmittelbar unter dem Tonlöser des Kaliflözes treten häufig blaugefärbte Halitkristalle, z. T. mit zonarer Färbung, auf. Auch das Vorkommen von Polyhalit, von Kainit, Anhydrit oder Glaserit deutet auf die Umwandlung und damit auf die Möglichkeit einer Gasführung hin. Tritt $CO_2$ im Hartsalz auf, so ist das Hauptmineral der Kainit. Weitere Hinweise sind: speckig glänzender, opalisierender Carnallitit, intensive Rotfärbung vorzugsweise des Carnallitits, die Farbänderung des Trümmercarnallitits nach rötlichgrau sowie das Auftreten von Trümmerhalitit (z. T. nach DUCHROW).

Die geologische Prognose, die daraus resultiert und auf die teilweise schon DUCHROW hinweist, sollte mehr Beachtung als bisher finden. Diese Prognosemethode ist, wenn man eine exakte Erfassung und richtige Deutung der Voranzeichen vornimmt, gegenüber den z. T. störanfälligen technischen Prognoseverfahren eine sichere Methode, die nicht zuletzt auch aus ökonomischen Erwägungen heraus die dominierende Rolle spielen sollte.

## 4. Hinweise für den Bergbau: Die Gasgefährdung in Abhängigkeit von der geologischen Situation im Abbau

In Auswertung der Kartierungsergebnisse erweist sich, daß für die Intensität der Gasführung in erster Linie die tektonische Struktur der Lagerstätte verantwortlich ist.

Eine wesentliche Bedeutung haben die bereits erwähnten N—S streichenden Störungszonen, auf denen im Miozän u. a. $CO_2$-haltige Thermallösungen aufstiegen, die die Umwandlung der Lagerstätte bewirkten.

An Kreuzungspunkten zweier Störungssysteme kam es zur intensiven Auflockerung des Gebirges. Diese Möglichkeit ist einmal bei der Vergitterung zweier präbasaltisch angelegter Störungszonen gegeben. Andererseits tritt recht charakteristisch die Vergitterung mit der ca. 500—700 m breiten Roßdorf—Urnshäuser Störungszone in Erscheinung. Hier waren Schwächezonen ausgebildet, auf denen aszendente Lösungen und Kohlensäure verstärkt in die Lagerstätte eindringen konnten, so daß dort besonders intensive Ausbrüche zu erwarten sind. Aus diesem Grunde müssen bei Annäherung an diese Vergitterungszone alle erforderlichen Schutzmaßnahmen eingeleitet werden.

Es hat sich stets gezeigt, daß die Kohlensäure, wenn sie in Annäherung an eine Störungszone bei Auffahrungen im Trümmercarnallitit angetroffen wird, im Übergangsbereich das Maximum der $CO_2$-Konzentration aufweist. In der reinen Sylvinitausbildung nimmt der Gasgehalt ab und steigt in unmittelbarer Nähe der Störungszone zu einem zweiten, weniger deutlichen Maximum an. Ereignet sich dagegen der erste $CO_2$-Ausbruch erst im Sylvinit, bleiben die Ausbrüche relativ klein. Eine Abnahme in der Intensität dieser Ausbrüche ist zu verzeichnen, je weiter der erste Ausbruch im Sylvinit vom Übergangsbereich Trümmercarnallitit/Sylvinit entfernt ist.

Das Nichterkennen eines möglichen Sylvinitvorkommens im Liegenden des Carnallititlagers kann unübersehbare Folgen haben (Ausbrüche im Abschnitt 3 der Abb. 1), da man beim Vortrieb aus Sicherheitsgründen an der Hangendgrenze entlang fährt und dann große Ausbrüche bekommt, wenn infolge Mächtigkeitsverringerung die gasfreie Partie des Carnallitits zum unterlagernden Sylvinit zu gering wird. Man sollte daher bei unvermutet auftretenden Ausbrüchen im Trümmercarnallitit stets eine eingehende Untersuchung des Liegenden vornehmen.

Ähnliche Wirkung haben breite Übergangsbereiche Carnallitit/Sylvinit, in denen die Carnallititmächtigkeit nur allmählich abnimmt. Aus diesem Grunde ist über eine große Erstreckung eine intensive Gasanreicherung zu verzeichnen. Hier kann nur durch Beobachtung und klare Deutung der geologischen Voranzeichen die Ausbruchsgefährdung beherrscht werden.

## Zusammenfassung

Es wird dargelegt, daß die Gasgefährdung einzelner Feldesteile, bedingt durch die geologische Entwicklung, unterschiedlich ist. Nach dem Grade der Gefährdung können ungefährdete Feldesteile, Feldesteile mittlerer Gefährdung (in ihnen treten präbasaltisch vorgezeichnete Störungszonen auf) und Reviere mit besonders großer Gefährdung (Vergitterung von Störungssystemen) unterschieden werden.

Die geologischen Voranzeichen für die Annäherung an Zonen erhöhter Gasführung sind als erstes Anzeichen zu werten, um sich von bergmännischer Seite rechtzeitig auf die zu erwartenden veränderten Abbaubedingungen einzustellen. Das setzt aber voraus, daß man diesen geologischen Merkmalen größte Aufmerksamkeit schenkt und eine exakte Deutung vornimmt.

## Резюме

Излагается, что обусловленная геологическим развитием газоопасность отдельных участков является различной. В связи со степенью газоопасности можно выделить неопасные участки, участки средней опасности (в них встречаются зоны нарушения, преднамеченные уже до внедрения базальта) и участки с особенно большой опасностью (решетчатость систем нарушения).

Геологические признаки приближения к зонам повышенной газоносности надо оценить как первый признак того, что со стороны эксплуатации надо заблаговременно ориентироваться на ожидаемые новые условия разработки. Но предпосылкой этого является то, что этим геологическим признакам отводится наибольшее внимание и проводится точная интерпретация.

## Summary

It is shown that the geological development accounts for different risks of gas outbursts to which individual parts of the field are exposed. In accordance with the degree of risk parts of the field out of danger can be distinguished from those presenting mean risks (where disturbed zones showing a pre-basaltic pattern occur), and from districts presenting particularly high risks (grating of disturbed systems).

The geological signs of an approach to zones with an increased gas content must be evaluated as an early sign of providing in time for changed mining conditions. This, however, supposes that the greatest care is devoted to these geological characters, and that they are interpreted exactly.

## Literatur

DUCHROW, G.: Analytische Untersuchungen zur Schadensbekämpfung bei $CO_2$-Austritten im Werra-Kalibergbau. – Freiberger Forsch.-H., A 304, 119–165, Leipzig 1964.
ECKART, D., W. GIMM & K. THOMA: Plötzliche Ausbrüche von Gestein und Gas im Bergbau. – Freiberger Forsch.-H., A 409, Leipzig 1966.
HARTWIG, C.: Zur Kohlensäureführung der Werra- und Fulda-Kalisalzlager. – Kali und Steinsalz, 1, 3–26 (1952/1955).
KOCH, K., & J. VOGEL: Zur Sylvinitbildung im Werra-Kali-Gebiet. – Bergakademie (im Druck).
KONITZ, O., S. OETTEL & H. JAHNE: Zur Feinstratigraphie des Werra-Salinars im thüringischen Werra-Kaligebiet unter besonderer Berücksichtigung des Kaliflözes „Thüringen" und seiner Genese. – Z. angew. Geol., 14, 578–587, Berlin 1968.
MÜLLER, W.: Über das Auftreten von Kohlensäure im Werra-Kaligebiet. – Freiberger Forsch.-H., A 101, Berlin 1958.
SCHEERER, B.: Gasvorkommen in Kalisalzbergwerken. – Z. Berg-, Hütten-Salinenwes., 59, 212–229 (1911).
Unveröff. Unterlagen der Geologie-Gruppe „Ernst Thälmann" des VEB Kaliwerk „Werra".

# Probleme der salzgenetischen Terminologie[1]

KARL-HEINZ ELERT, Sondershausen

(Mitteilung aus dem VEB Kombinat Kali, Kali-Forschungsinstitut, Sondershausen)

## 1. Einführung

„Jede Forschung ist an ein System von Begriffen gebunden. Zahlreiche Begriffe erfahren eine besonders intensive Wandlung, die das Ergebnis eines fortschreitenden Erkenntnisprozesses ist ... Quantität der Kenntnis und Qualität der Erkenntnis sind zu jedem Zeitpunkt der Wissenschaftsentwicklung unterschiedlich, aber auch die Einsicht jedes einzelnen und jeder Gruppe in bestimmte Begriffsinhalte sind zu jeder beliebigen Zeit verschieden. Hieraus resultiert, daß jeder einzelne oder jede Gruppe je nach Bildungsstand einen von allen gebrauchten Begriff unterschiedlich anwendet, so daß neben die natürliche Entwicklung der Begriffe eine durch falsche oder unexakte Anwendung oder durch Verwässerung hervorgerufene Begriffswandlung treten kann" (CHROBOK, KAUTZSCH & MEIER 1968).

Diese Feststellungen, in der zitierten Schrift auf die Begriffe Fazies und Milieu bezogen, treffen auch auf die derzeitige Situation in der salzgenetischen Terminologie zu. Die nachfolgenden Darlegungen sollen den gegenwärtigen Zustand an einigen ausgewählten Bei spielen verdeutlichen.

Eingang des Manuskripts in der Redaktion: 4. 3. 1970.

[1] Gekürzte und überarbeitete Fassung eines Vortrags zur Tagung der Sektion Kali der Deutschen Gesellschaft für geologische Wissenschaften am 3. und 4. Dezember 1969 in Erfurt.

## 2. Salzgenetische Termini in ihrer derzeitigen Anwendung

### 2.1. Begriffskomplex „Primär/Sekundär"

Die Termini „primär" und „sekundär" kennzeichnen eine Abfolge genetischer Vorgänge. Ihre abweichende Anwendung auf die Salzlagerstättenkunde resultiert aus den unterschiedlichen Methoden, die zur Lösung salinarer Probleme zum Einsatz gelangten. Verallgemeinernd lassen sich drei Anwendungsvarianten aushalten:

1. bevorzugt raum- und zeitbezogene Verwendung des Begriffskomplexes, speziell in geologischen Arbeiten;

2. bevorzugt paragenetisch und stofflich orientierte Begriffsanwendung, vor allem in mineralogischen und geochemischen Arbeiten;

3. bevorzugt stofflich und modellbezogen orientierte Begriffsanwendung in physikochemischen Arbeiten.

Grundlage der raum- und zeitbezogenen Begriffsanwendung sind die Vorstellungen einer paläogeographischen Anlage der gesamten salinaren Erscheinungen (RICHTER-BERNBURG 1955).[2] In Extrapolation fazieller Übergänge in karbonatischen Serien auf das Flöz Staßfurt wird dessen Beschaffenheit auf zechsteinzeitliche Becken- und Schwellenregionen zurückgeführt. Nach SEIDEL (1966) sind die petrographischen Unterschiede des Hartsalzes im Unstrut- und Südharzgebiet durch die paläomorphologische Gliederung des Abscheidungsbeckens bedingt. LÖFFLER (1961b) nimmt für das Flöz K2 des Südharzgebietes auf Grund der räumlichen Verteilung eine „primäre" Hartsalzentstehung an. Das Hartsalz des Nordharzgebietes wird demgegenüber als sekundär bezeichnet, da dessen Verbreitung nicht mit paläogeographischen Anlagen übereinstimmt. In diese nomenklatorische Gruppe gehört auch der häufig genannte „primäre" Hartsalzsaum. Zeitbezogen gilt mitunter jeder Prozeß als primär, der im Zechstein abgelaufen ist.

Bei der prozeßbezogenen Anwendung der Termini primär und sekundär wird von Umbildungsprozessen ausgegangen, die das sedimentär („primär") angelegte Salzgestein später („sekundär") verändert haben. Als primär gelten dabei überwiegend Bildungen, die sich auf die Phase der Sedimentation zurückführen lassen (PFLUG 1964). Bei BRAITSCH & HERRMANN (1964) wird zwischen sedimentär angelegten und durch diagenetische Umkristallisation bedingten Erscheinungen unterschieden, wobei die diagenetischen Vorgänge und Bildungen in den Begriffsinhalt des Terminus „primär" einbezogen werden. Als sekundär sind allgemein Vorgänge erfaßt, die sich nach der Abscheidung und Verfestigung des Ausgangsgesteins vollzogen haben und durch Fremdlösungen bedingt sind (BORCHERT 1963, BRAITSCH 1962, KÜHN 1968).

Bei der prozeßbezogenen Terminusanwendung sind Varianten nach der Abgrenzung der als „primär" betrachteten Vorgänge, nach der Dimension des Untersuchungsgegenstandes und nach der Untersuchungsmethodik zu verzeichnen. Abgrenzungsprobleme der als primär anzusehenden Erscheinungen ergeben sich zum Beispiel für das Kaliflöz K2 aus der Erkenntnis, daß sich dieses Lager in mehreren genetischen Prozessen bis zur heute vorliegenden petrographischen Differenzierung entwickelt hat (DÖHNER, ELERT, KOCH & MÖTZING 1968). Wenn nur die rein sedimentären Minerale als primär bezeichnet werden, so folgt bereits für eine diagenetische Veränderung des Bodenkörpers die Bezeichnung sekundär (GOTTESMANN 1965a: „synsedimentär-sekundär"). Betrachtet man dagegen, unter spezieller Berücksichtigung der permisch-aszendenten Umbildung, das carnallitische Ausgangsmaterial, müßten sämtliche zum Carnallitit gehörenden Erscheinungen einschließlich der diagenetischen Bildungen als primär, die aszendent angelegten Mineralassoziationen als sekundär bezeichnet werden. Bei Berücksichtigung der Entwicklung bis zur permisch-deszendenten Umbildung erscheinen aszendent und deszendent angelegte Erscheinungen gemeinsam als sekundär, wobei eine terminologische Unterscheidung der genetisch wesentlich verschiedenen Umbildungsprozesse nicht mehr möglich ist. „Sekundär" wird zur Sammelbezeichnung für Vorgänge, die nach der Sedimentation (und der Diagenese) vonstatten gingen.

Eine weitere Begriffskomplikation tritt ein, wenn die Betrachtung von einer stratigraphischen Einheit auf einen größeren Schichtenverband erweitert wird. Werden nur solche Vorgänge als sekundär bezeichnet, die mehrere petrostratigraphische Komplexe oder die gesamte salinare Serie verändert haben, ist die genetische Entwicklung einzelner stratigraphischer Horizonte terminologisch nicht mehr erfaßbar. Eine solche Betrachtungsweise führt zu einer Begriffsausweitung, die der raum- und zeitbezogenen Terminusverwendung entspricht.

Methodisch bedingte Probleme der prozeßbezogenen Begriffsanwendung ergeben sich bei mikroskopischen Untersuchungen. Die Ursachen liegen in morphologischen Konvergenzen von Neubildungen (ELERT 1968), in gleichartigen Veränderungen bei verschiedenen Umbildungsprozessen (Umkristallisationen bei der aszendenten, der deszendenten, bei tektonischen und postumen Umbildungen) und in einer unvollständigen Veränderung des Altbestandes an Mineralen und Gefügeeigenschaften. Nomenklatorisch sind hier u. a. folgende Überschneidungen möglich: Ein im mikroskopischen Bild als „sekundär" erscheinendes Mineralkorn kann diagenetisch gebildet sein und, je nach Begriffsfassung, als primär bezeichnet werden. Andererseits kann sich ein Gestein, das im mikroskopischen Bild (reliktisch erhaltene) Primärbildungen zeigt, bei näherer Untersuchung seiner Genese als umgebildet erweisen. Letzteres ist besonders häufig bei carnallititnahen Hartsalzen der Fall, die noch sedimentär bedingte Wachstumsgefüge des Halits enthalten.

Das Grundprinzip der modellbezogenen Begriffsanwendung liegt in der Übertragung experimentell ermittelter Reaktionsabläufe auf den Naturbefund; Vorgänge der Mineral- und Gesteinsumbildung werden nach physikochemischen Modellen interpretiert. So bezeichnet VALJAŠKO (1963) Kainit, Langbeinit und Polyhalit des Vorkarpatengebietes (deren Genese der der gleichen Minerale im Flöz K2 entsprechen dürfte) als primär, da sich diese Minerale nach dem auf meta-

[2]) Die in dieser Arbeit angeführten (aus Platzgründen zahlenmäßig begrenzten) Schriften dienen ausschließlich der Demonstration des derzeitigen terminologischen Zustands und sind nicht als Stellungnahme zu deren sachlichem Inhalt zu bewerten.

stabile Bildungen orientierten „Sonnendiagramm" unmittelbar aus der konzentrierten Mutterlösung, bei der Diagenese durch Wechselwirkung zwischen Bodenkörper und veränderter Mutterlösung oder durch Übergänge von metastabilen in stabile Zustände bilden können. Als sekundär gelten lediglich Hutbildungen. Als modellbezogen sind ferner Untersuchungen anzusehen, nach denen Kaligesteine auf Grund ihres Gehalts an Brom oder Rubidium nach primär und sekundär identifiziert werden (KÜHN 1963, BRAITSCH & HERRMANN 1964). Grundlage dieser Gesteinsbeurteilungen sind experimentelle Bestimmungen der Gleichgewichtsbedingungen zwischen Haupt- und Spurenkomponenten.

### 2.2. „Diagenese", „Metamorphose" und „Metasomatose"

Die Begriffe Diagenese, Metamorphose und Metasomatose sind in ihren allgemeingültigen Definitionen prozeßbezogen. Die terminologische Problematik liegt darin, daß es sich um Termini handelt, die nicht für den salinaren Bereich geprägt, aus Analogiegründen jedoch für ähnliche salinare Vorgänge übernommen worden sind.

Der Terminus Diagenese wird allgemein auf Veränderungen bezogen, die ein Sediment nach seiner Ablagerung in der gleichen Umgebung erfährt, in der es abgeschieden wurde, die zu seiner Verfestigung geführt haben und nicht durch Verwitterung bedingt sind. Dabei ist zwar die Abgrenzung zur Sedimentation begrifflich scharf, aber nachträglich schwer zu rekonstruieren. Für die gleichfalls nicht immer sichere Abgrenzung gegen die Metamorphose sind nicht nur Druck und Temperatur wesentlich, sondern auch die Reaktionsfähigkeit des Materials. Die Bezeichnung „Diagenese" sollte auf schwache Veränderungen des Gesteins beschränkt bleiben; die Umbildungen der Zechstein-Salze sind zu tiefgreifend, um noch als diagenetisch bezeichnet werden zu können (nach CORRENS 1950).

Bei den Karbonaten des Zechsteins zählt die Bildung von Dolomit aus Kalzit und von authigen gebildetem Quarz, Chlorit und anderen akzessorisch auftretenden Mineralen zu den diagenetischen Prozessen (FÜCHTBAUER 1961, SNYKATZ-KLOSS 1966). Bei sulfatischen Schichtkomplexen besteht weitgehende Übereinstimmung, daß sich sedimentär Gips gebildet hat, der diagenetisch durch Aufhebung von Ungleichgewichten zwischen Bodenkörper und Beckenlösung in Anhydrit übergeführt wurde (BRAITSCH 1962, HEMMANN 1968, KOSMAHL 1969 u. a.). In die diagenetische Phase gehören weiterhin die Bildung von Anhydritkonkretionen im feingestreiften Anhydrit der Werra-Serie (JUNG 1960) und die Entwicklung von Boratkonkretionen (GOTTESMANN 1964, BUDZINSKI, LANGBEIN & STOLLE 1959).

Bei Salzen ist über diagenetische Vorgänge nur verhältnismäßig wenig konkretes Material vorhanden. Nach dem derzeitigen Kenntnisstand kommen folgende Prozesse für die Diagenese in Betracht:

1. Abbau des Porenvolumens bei Steinsalzschichten, in denen nach dem Übergang von „Skelettsalz" in „Kernsalz" eine rasche Ausfüllung des Porenraumes erfolgt (nach sowjetischen Autoren, zitiert bei SEYFARTH 1966);

2. Zersetzung klastischer Minerale und Umsetzung silikatischer Akzessorien, die in Abscheidungsphasen niedrigerer Salinität authigen gebildet worden sind (POSTUCHOVA 1965);

3. Änderung der Sedimentationsstrukturen im Mikrobereich durch Sammel- und Umkristallisation von Chloriden (BRAITSCH & HERRMANN 1964) und Ausbildung blastischer Kristallformen (GOTTESMANN 1965 b);

4. Stoffverschiebungen, die zur Bildung schichtparallel angereicherter Boratkonkretionen führten (MEIER 1969);

5. stoffliche Austauschreaktionen der Spurenelemente bei der diagenetischen Abpressung von Porenlösungen (BRAITSCH & HERRMANN 1964);

6. Umbildung metastabil abgeschiedener Bodenkörper in stabile, wobei das Ausmaß der dadurch bedingten Mineralneubildungen unterschiedlich bewertet wird (BORCHERT 1963, BRAITSCH 1962, VALJAŠKO 1963).

Zum überwiegenden Teil sind diese Reaktionen durch das Fehlen eindeutiger Relikte (Umbildung metastabiler Frühbildungen) nicht mehr erfaßbar oder nicht prozeßspezifisch (Umkristallisationen, stoffliche Austauschvorgänge). Die Untersuchung diagenetischer Bildungen und ihre Abgrenzung gegen sedimentär angelegte oder durch jüngere Umbildungsprozesse bedingte Bildungen sind damit außerordentlich schwierig, erfordern noch eine erhebliche Detailarbeit und eine überaus kritische Interpretation der Befunde.

Im Gegensatz zum prozeßorientierten Begriffsinhalt wird der Terminus „Diagenese" bei Salzgesteinen auch zeitbezogen oder indefinitiv gebraucht. Nach JANKOWSKI & JUNG (1966) ist das Leine-Steinsalz (Na 3) in Teilgebieten des südöstlichen Harzvorlandes während des Zechsteins 3 teilweise wieder aufgelöst worden, wobei „synsedimentäre und frühdiagenetische Lösungs- und Aufbereitungsprozesse" gewirkt haben. Betrachtet man den dargelegten Prozeß, so handelt es sich nicht um einen gesteinsbildenden, sondern um einen gesteinszerstörenden Vorgang im Sinne einer Verwitterung. Mit „diagenetisch" soll in der zitierten Schrift lediglich ausgesagt werden, daß der Ablaugungsvorgang während der Diagenese gewirkt hat. In dieser zeitorientierten Anwendung führt der Terminus jedoch zu falschen Vorstellungen über das Wesen des abgehandelten Vorganges; wenn auch das Sediment bereits während der Verfestigungsperiode wieder aufgelöst wurde, ist der zerstörende Prozeß selbst keine Diagenese.

Im letztgenannten Beispiel lassen die textlichen Darlegungen trotz irreführender Begriffsverwendung noch den zu kennzeichnenden Prozeß erkennen. Demgegenüber ist der Diagenesebegriff in einer Reihe von Schriften zur Hartsalzbildung hinsichtlich des Prozesses und der Zeit ausgesprochen indefinitiv gebraucht worden. Er steht als „frühdiagenetisch" (z. B. LÖFFLER 1961 a) gleichbedeutend mit „primär" und „prädiapirisch". Diese völlig sinnentstellende Begriffsanwendung kam auf, als die BORCHERTschen Thesen einer mesozoisch-intrakrustalen Umbildung zunehmend angezweifelt wurden. Ausgangspunkt dieser nomenklatorisch unglücklichen Entwicklung waren Einzelbeobachtungen (z. B. SCHULZE & SEYFERTH 1959), die zu der — im Detail noch unbewiesenen — Annahme führten, die Umbildung des Flözes K 2 müßte zu einem wesentlich früheren Zeitpunkt vonstatten gegangen sein. Hieraus resultierte die verbreitete These einer „frühdiagenetischen" Hartsalzbildung. Zur Nomenklatur ergibt sich wie oben die Bemerkung, daß der Terminus „Diagenese" den Gesamtprozeß der Gesteinsbildung aus Lockersedimenten beinhaltet und nicht auf eine bestimmte Zeit zu beziehen ist. Ferner hat die Diagenese das gesamte Flöz erfaßt. Da trotzdem noch erhebliche Flächen als Carnallitit vorliegen, kann die Hartsalzbildung nicht auf die Diagenese des Flözes zurückgeführt werden. Schließlich fehlte zum Zeitpunkt dieser Anwendung des Diagenesebegriffes die nötige Quantität der Kenntnisse, um zu einer neuen Erkenntnisqualität gelangen zu können. Der Terminus „Diagenese" ist in dieser Form bestenfalls als Arbeitsbezeichnung zu bewerten, deren Inhalt ein nichtdefiniertes Pendant zu den Vorstellungen intrakrustal-mesozoischer Umbildungen ist und die kritiklos in die Literatur übergeführt wurde.

Als Metamorphose wird allgemein die Umwandlung eines Gesteins in ein anderes durch Druck- und Temperaturveränderungen bei Versenkung in tiefere Schichten der Erdkruste bezeichnet, wobei der Gesamtchemismus im wesentlichen erhalten bleibt.

Von der Metamorphose streng zu trennen ist der Terminus „Metamorphisation" der sowjetischen Literatur, dessen Begriffsinhalt die Sulfatverarmung des Meerwassers in der Vorkonzentrationsstufe durch die Wirkung biochemischer Prozesse, durch Ionenaustausch an Tonmineralen und durch die Einwirkung von Kalziumkarbonat ist (FIWEG 1963).

Der Terminus Metasomatose bezeichnet Prozesse, bei denen ganze Gesteine oder Teile davon durch ein Reaktionsprodukt aus dem vorgegebenen Mineralbestand und einer zugeführten mobilen Phase ersetzt werden. Die Metasomatose ist ein chemischer Verdrängungsprozeß und im Gegensatz zur Metamorphose durch eine wesentliche Veränderung des Chemismus charakerisiert. Ferner kennzeichnet der Metasomatosebegriff den Reaktionsvorgang als solchen (kinetisch orientierter Terminus), während der Metamorphosebegriff die äußeren Reaktionsbedingungen (Versenkung in tiefere Krustenbereiche) zum wesentlichen Begriffsinhalt hat.

In der Anwendung auf salinare Probleme werden zur Zeit die Termini Metamorphose und Metasomatose auf gleiche Erscheinungen und Vorgänge bezogen. Das betrifft speziell die Umbildungen von Kaliflözen durch die Einwirkung flözfremder Lösungen. Thermometamorphe Vorgänge durch Versenkung in tiefere Bereiche sind nach der jetzigen Kenntnis in ihrer Auswirkung auf Gefüge und Stoffbestand der Kaliflöze unbedeutend (BRAITSCH 1962); Veränderungen durch basaltische Einflüsse (Werra-Gebiet) sind offenbar ebenfalls mehr durch begleitende Lösungen als durch rein thermische Effekte bedingt. Als Metamorphose im herkömmlichen Sinne wird, unabhängig von der Deutung der Lösungsherkunft und der Bewertung einzelner Teilprozesse, die Zerstörung des Carnallitits durch Einwirkung flözfremder Lösungen, Abfuhr von $MgCl_2$ und Neubildung von chloridischen und sulfatischen Mineralen bezeichnet (BAAR 1960, BORCHERT 1959 und 1963, KÜHN 1968; eine Übersicht der wichtigsten Umbildungserscheinungen ist bei DÖHNER, ELERT, KOCH & MÖTZING 1968 gegeben). Das resultierende Makrogefüge derart umgebildeter Kalisalze entspricht demjenigen katazonal metamorphosierter kristalliner Schiefer (BORCHERT 1959). Stofflich ist dieser Vorgang durch erhebliche Veränderungen gekennzeichnet, die in ihren Teilphasen von dem hochsalinaren, durch $MgCl_2$-Vormacht ausgezeichneten Abscheidungsstadium des Carnallitits zu einer Stufe zurückführen, die der Steinsalzabscheidung entspricht. Daraus resultieren die Argumente für die Bezeichnung dieses Vorgangs als Metasomatose. Gegen den Metasomatoseterminus wird eingewandt, daß der Umbildungsvorgang zu tiefgreifend war, um noch als Metasomatose bezeichnet zu werden (BRAITSCH 1962). Zum anderen wird in der Erzlagerstättenkunde als Metasomatose ein Vorgang gekennzeichnet, bei dem die lagerstättenbildende Substanz zugeführt und durch Mineralreaktionen fixiert wurde; die Umbildung der Kalilagerstätten ist demgegenüber durch erhebliche Substanzverluste gekennzeichnet (BORCHERT 1959). In diesem Sinne wäre als Metasomatose lediglich die Bildung von Carnallitit aus Sylvinit im Flöz K 3 nach den Vorstellungen von SYDOW (1959) zu bezeichnen (Einwirkung von $MgCl_2$-Lösungen, die dem K 2 entstammen).

## 3. Auswertung

Der Sinn einer Terminologie liegt in der begriffsmäßigen Erfassung von Erkenntnissen; die daraus resultierenden Termini haben dem weiteren Erkenntnisprozeß zu dienen. Unklare Begriffe behindern die wissenschaftliche Weiterentwicklung, da sie durch unterschiedliche Begriffsinhalte abweichende Vorstellungen auslösen. Bei den dargelegten Termini ist der Zustand zu verzeichnen, daß ein Terminus für verschiedene genetische Prozesse gebraucht oder daß eine Erscheinung — selbst bei übereinstimmenden Ansichten über ihre Genese — unterschiedlich bezeichnet wird. In dieser Handhabung ist die diskutierte Terminologie wissenschaftlich wertlos. Eine Neufassung der Begriffsinhalte ist geboten, wobei die sprachliche Präzisierung ohne Vervollständigung der Vorstellungen über den definierten Gegenstand undenkbar ist (RICHTER 1969). Bei der Überarbeitung der Begriffsinhalte ist daher zu berücksichtigen, bei welchem Kenntnisstand die Neuformulierung erfolgt, welche kenntnis- oder erkenntnisbedingten Grenzen bestehen und für welchen Teilbereich der Lagerstättenforschung die Terminologie vorgesehen ist.

Die Termini „primär" und „sekundär" lassen sich in ihrer variierenden Handhabung gegenwärtig ohne zusätzliche Erläuterung nicht anwenden. Ausgehend vom Sinn des Wortes, wonach primär das Ausgangsereignis, sekundär die gesamte Folge jüngerer Prozesse ist, wären als primär nur Vorgang und Bildungen der Sedimentation anzusprechen; diagenetische Erscheinungen müßten bereits als sekundär bezeichnet werden.[3]) Diese gedanklich klare Untergliederung ist mit Sicherheit bei Karbonaten und anderen Sedimenten aus schwerlöslichen Bestandteilen anwendbar. Bei chloridischen Gesteinen steht ihr das Problem der Erkennbarkeit gegenüber. Es ist anzunehmen, daß die Vorgänge der Sedimentation und Diagenese bei chloridischen Schichten derart ineinander übergehen, daß sich praktisch ein einziger genetischer Akt ergibt und eine rekonstruierende Trennung schwer möglich wird. Nach dem gegenwärtigen Kenntnisstand über die Diagenese hochsalinarer Ablagerungen erscheint es zweckmäßiger, Sedimentation und Diagenese zusammenfassend als primär zu bezeichnen. Der Sekundärbegriff bleibt dann für solche (ursächlich wesentlich andere) Vorgänge frei, die an zugeführte Fremdlösungen gebunden und stofflich nicht

[3]) Nach freundlichen persönlichen Hinweisen von Herrn Dr. habil. O. WAGENBRETH, Weimar.

mehr ausschließlich auf flözeigene Substanzen zurückzuführen sind. Diese ursächlichen Unterschiede bei den Veränderungen des Flözes (Döhner, Elert, Koch & Mötzing 1968) sollten terminologisch erfaßt werden.

Die Klärung diagenetischer Vorgänge in Salzgesteinen erfordert noch umfangreiche Untersuchungen, wobei die Unterscheidung diagenetischer Erscheinungen von sedimentären oder durch jüngere Umbildungsvorgänge bedingten mitunter schwierig sein dürfte (Abschnitt 2). Es erscheint daher unzweckmäßig, im salinaren Bereich innerhalb der bereits unsicher abzugrenzenden Diagenese noch nach „frühdiagenetisch" und „spätdiagenetisch" zu trennen. Diese gedanklich zwar durchaus mögliche Untergliederung ist gegenwärtig erkenntnismäßig nicht abgesichert; sie erfordert detaillierte Kenntnisse über Reaktionen und chronologischen Ablauf diagenetischer Veränderungen und sollte daher als verfrüht vermieden werden.

Nach dem derzeitigen Erkenntnisstand zur genetischen Entwicklung des Flözes K 2 (Döhner, Elert, Koch & Mötzing 1968) ist der Terminus Metamorphose in seiner allgemeinen Definition (Abschnitt 2) auf das Flöz nicht anwendbar, da die wesentlichsten Vorgänge (permisch-aszendente und -deszendente Umbildung) ursächlich nicht auf intrakrustale Bedingungen zurückzuführen sind. Unter Berücksichtigung der oberflächennahen Lage des Flözes bei den genannten genetischen Prozessen liegt der Terminus „Diagenese" nahe, wenn eine mögliche Zuordnung zu den Vorgängen der exogenen Dynamik (siehe Fußnote [3])) als Hauptkriterium für den Begriffsinhalt angesehen wird. Eine solche Terminologie würde jedoch der bisherigen Anwendung des Diagenesebegriffs auf Salze, seinem allgemeinen Inhalt und dem Wesen der flözumbildenden Vorgänge widersprechen. Schließlich rechnen — nach der geringen Umbildungsintensität — bei Tonen noch Reaktionen zur Diagenese, die bei Versenkungen in Tiefen um 3000 m vonstatten gehen (Füchtbauer & Goldschmidt 1963).

Die regional (und nachdiagenetisch) wirksamen Flözumbildungen sind chemisch und strukturell durch derart intensive Gesteinsveränderungen gekennzeichnet, daß sie in ihren Erscheinungen metamorphen, aber nicht mehr diagenetischen Veränderungen entsprechen (Borchert 1959, Braitsch 1962, Correns 1950). Die chemischen Veränderungen von der $MgCl_2$- zur NaCl- und $CaSO_4$-Vormacht entsprechen nicht einer progressiven salinaren Entwicklung, sondern einer Rückführung zu Gesteinen, die stofflich einer niedrigeren Salinität entsprechen („rückläufige Stufenmetamorphose" nach Borchert 1959). Wesentlich ist ferner, daß diese Veränderungen nicht aus den Vorgängen der Verfestigung des carnallitischen Ausgangsgesteins herrühren, sondern durch die Einwirkung von Fremdlösungen bedingt sind. Bei der permisch-aszendenten und permisch-deszendenten Umbildung des Flözes K 2 handelt es sich um salzspezifische Vorgänge, deren Ursachen in der hohen Reaktionsfähigkeit des Materials liegen: In oberflächennaher Umgebung erfolgten selektive Verdrängungs- und Lösungsprozesse, als deren Resultat Gesteine vorliegen, die in ihren Gefügeerscheinungen mit Metamorphiten verglichen werden können (Borchert 1959). In Ursachen und Wirkungen unterscheiden sich diese Vorgänge wesentlich von der Diagenese. Sie in den Begriffsinhalt der Diagenese einzubeziehen, würde bedeuten, auf eine terminologische Unterscheidung ursächlich verschiedener und genetisch für die Flözentwicklung überaus wesentlicher Vorgänge zu verzichten.

Nach Wesen und Reaktionsverlauf kommt der Terminus „Metasomatose" den diskutierten Hauptumbildungsprozessen noch am nächsten, da es sich um chemische Verdrängungsprozesse handelt. Im Unterschied zur allgemeinen Begriffsfassung (Abschnitt 2) wurden bei diesen Vorgängen die lagerstättenbildenden Nutzkomponenten nicht zu-, sondern abgeführt. Als verdrängende Substanzen erscheinen NaCl und/oder $CaSO_4$. Eine Lösung dieses terminologischen Problems ergibt sich, wenn der Begriffsinhalt des Terminus „Metasomatose" von der speziellen Form eines chemischen Stoffaustausches unter Zufuhr der lagerstättenbildenden Komponenten auf chemische Verdrängungsprozesse schlechthin verallgemeinert wird. Als Prozeßcharakteristik verbleibt die Reaktion eines vorgegebenen Stoff- (Mineral-) Bestands mit einer zugeführten mobilen Phase, die aus fremden Schichten stammt. Der Terminus „Metasomatose" ist unabhängig von dem Problem des geologischen Stockwerks, in dem die Reaktionen abgelaufen sind (siehe Fußnote [3])), und auch damit für die terminologische Kennzeichnung der das Flöz K 2 verändernden Prozesse geeignet.

Die Termini Diagenese, Metamorphose und Metasomatose können durch den neutralen Begriff „Umbildung" ersetzt werden. Dieser Terminus, der allgemein die Veränderung von Gefügen und/oder Mineralen zum Inhalt hat, läßt sich prozeßbezogen ergänzen durch „diagenetisch umgebildet", „permisch-aszendent umgebildet" u.s.f. Wie bei den Ausweichmöglichkeiten für die Termini „primär" und „sekundär" ist eine Überschneidung mit anderen Gebieten der sedimentären Lagerstätten vermieden und gleichzeitig eine direkte Bezeichnung des zu behandelnden genetischen Vorgangs erreicht. Seit einigen Jahren wird schließlich der Terminus „Lösungsmetamorphose" (Braitsch 1962) gebraucht, der salzspezifisch ist und das grundlegende Wesen der nachdiagenetischen Umbildungsvorgänge erfaßt. Trotz seines letztlich polemischen Ursprungs erscheint seine Anwendung anstelle von metamorph und metasomatisch diskussionswürdig.

Unter Berücksichtigung des dargelegten Zustandes und der Bemerkungen zu den einzelnen Termini werden speziell für den Bereich der Steinsalz- und Kalilagerstätten folgende Begriffsinhalte zur Diskussion gestellt:

Primär: Sammelbezeichnung für alle Vorgänge und Erscheinungen, die der Sedimentation und Diagenese zuzuordnen sind.

Sekundär: Sammelbezeichnung für alle Vorgänge und Erscheinungen, die durch jüngere Umbildungsprozesse nach der Diagenese verursacht worden sind.

Beide Termini sind stets auf eine genetische Einheit zu beziehen (Komplex des Na 2, Komplex des K 2 ...). Lassen sich Erscheinungen nicht eindeutig einer bestimmten genetischen Phase zuordnen, ist eine Ansprache nach primär und sekundär zu vermeiden. Ist in solchen Fällen das relative Alter der Erscheinungen festzustellen, empfiehlt sich die Anwendung der neutralen Bezeichnungen „älter" und „jünger". Bei der Abhandlung spezieller genetischer Vorgänge sollten die Sammelbezeichnungen „primär" und „sekundär" vermieden und prozeßbezogene, direkte Termini („sedimentär", „diagenetisch" ...) verwendet werden.

Diagenese: Umbildung lockerer Sedimente in feste Gesteine durch Entwässerung, Kristallwachstum, Umkristallisation und Aufhebung von Ungleichgewichten unter Bedingungen, die denen des Abscheidungsraumes entsprechen. Erscheinungen und Reaktionen, die durch Einwirkung flözfremder Lösungen oder durch Wiederauflösungsvorgänge zustande gekommen sind, gehören nicht zur Diagenese.

Metamorphose: Umwandlung eines verfestigten Gesteins durch Temperatur- und Druckveränderungen unter intrakrustalen Bedingungen. Metamorphe Prozesse erfolgen ohne wesentliche Veränderung des Stoffbestandes; metamorphe Mineralneubildungen sind eine Folge veränderter Zustandsbedingungen.

Metasomatose: Chemische Verdrängung von Mineralsubstanzen durch gelöst zugeführte Komponenten. Metasomatische Prozesse sind an die Zufuhr von Fremdlösungen gebunden und durch wesentliche Veränderungen des Stoffbestands gekennzeichnet. Zu den metasomatischen Bildungen zählen auch Minerale, die zwar aus dem Stoffbestand des Flözes hervorgehen, jedoch erst durch metasomatische Grundvorgänge entstehen konnten (Bildung von Doppelsulfaten bei bzw. nach der Abfuhr von $MgCl_2$).

Die Anwendung der Termini Diagenese, Metamorphose und Metasomatose sollte auf solche Fälle beschränkt bleiben, bei denen festgestellte Veränderungen eindeutig auf die gekennzeichneten Vorgänge zurückgeführt werden können. Die Begriffsinhalte der Termini Diagenese und Metamorphose entsprechen in den vorgeschlagenen Formulierungen ihren allgemeinen Fassungen; der Metasomatosebegriff ist allgemein auf chemische Verdrängungsprozesse erweitert und entspricht so den wesentlichsten Umbildungen des Flözes K 2. Für alle Veränderungen, die nicht den charakterisierten Vorgängen zugeordnet werden können, ist die Anwendung des neutralen Begriffs „Umbildung" empfehlenswert. Der gleiche Terminus sollte, verbunden mit adjektivisch gebrauchten Prozeßbezeichnungen dann angewendet werden, wenn bestimmte genetische Vorgänge zu erörtern sind.

## 4. Schlußbemerkungen

Die Termini „primär", „sekundär", „Diagenese", „Metamorphose" und „Metasomatose" wurden in ihrer gegenwärtigen Anwendung auf salzgenetische Belange diskutiert. In ihrer abweichenden Handhabung sind sie zur Zeit wissenschaftlich wertlos; eine Überarbeitung der Begriffsinhalte ist erforderlich.

Die Lösung der terminologischen Probleme wird dadurch erschwert, daß die erörterten Termini nicht salzspezifisch sind und daß sich für verschiedene Sedimentgesteinsbereiche unterschiedliche, von den genetischen Besonderheiten abhängige Begriffsinhalte anbieten.

Die für chloridische Gesteine vorgeschlagene Begriffsfassung von „primär" und „sekundär" stellt beispielsweise für Karbonate eine vermeidbare Generalisierung dar. Andererseits ist die bei silikatischen, karbonatischen und sulfatischen Sedimenten mögliche Differenzierung (Sedimentation = primär, Diagenese = sekundär) bei Kalisalzen zur Zeit erkenntnismäßig nicht verwertbar. Eine exakte Erfassung der genetischen Entwicklung chemisch unterschiedlicher Sedimente würde demnach bei der Verwendung gleicher Termini für jede Sedimentgruppe spezielle Begriffsinhalte erfordern. Die günstigste Lösung liegt hier darin, nicht einheitlich angewendete Termini zu vermeiden und durch adjektivisch gebrauchte Prozeßbezeichnungen zu ersetzen. Beim Beibehalten unterschiedlich gebrauchter Termini ist eine stufenweise vorzunehmende Überarbeitung unvermeidlich. Dabei muß zunächst eine Klärung innerhalb der einzelnen Mineralgebiete erfolgen, anschließend eine Abstimmung gleicher nomenklatorischer Bezeichnungen zwischen den verschiedenen Sedimentbereichen.

In der vorliegenden Arbeit sind terminologische Belange hochsalinarer Sedimente unter besonderer Berücksichtigung der genetischen Entwicklung des Flözes Staßfurt dargelegt. Damit ist ein Versuch unternommen, im Sinne einer ersten Überarbeitung die Begriffsinhalte der diskutierten Termini innerhalb eines Mineralgebietes einer Vereinheitlichung näherzuführen. Die aus der Analyse des gegenwärtigen Zustands abgeleiteten Betrachtungen und Vorschläge sollen zu einer kritischen und möglichst umfassenden Diskussion anregen, um den derzeitigen terminologischen Zustand zu überwinden.

## Literatur

BAAR, A.: Über die fazielle Entwicklung der Kalilagerstätte des Staßfurtflözes. – Neues Jb. Geol. Paläont., Abh., **111**, 111–135 (1960).

BORCHERT, H.: Ozeane Salzlagerstätten. – Borntraeger-Verlag, Berlin 1959.

– Der Wasserhaushalt bei der Metamorphose der Kalisalze. – Ber. geol. Ges. DDR, Sonderh. 1, 145–194 (1963).

BRAITSCH, O.: Entstehung und Stoffbestand der Salzlagerstätten. – R. Miner. u. Petrogr. in Einzeldarstellungen, **3**, Springer-Verlag, Berlin–Göttingen–Heidelberg 1962.

BRAITSCH, O., & A. G. HERRMANN: Zur Geochemie des Broms in salinaren Sedimenten. Teil I: Die Bildungstemperaturen primärer Sylvin- und Carnallit-Gesteine. – Geochim. et Cosmochim. Acta, 28, 1081–1109 (1964).

BUDZINSKI, H., R. LANGBEIN & E. STOLLE: Danburit im Zechstein des Südharzes. – Chemie der Erde, 20, 53–70 (1959).

CHROBOK, S., E. KAUTZSCH & R. MEIER: Fazies und Milieu – Grundprobleme ihrer Individualisierung und Typisierung. – Report XXIII Intern. Geol. Congr., 8, 137–146, Praha 1968.

CORRENS, C. W.: Zur Geochemie der Diagenese. I. Das Verhalten von $CaCO_3$ und $SiO_2$. – Geochim. et Cosmochim. Acta, 1, 49–54 (1950).

DÖHNER, Ch., K. H. ELERT, K. KOCH & R. MÖTZING: Gegenüberstellung unterschiedlicher Umbildungsprozesse im Kalifloz „Staßfurt" in der Deutschen Demokratischen Republik. – Report XXIII Intern. Geol. Congr., 8, 269–281, Praha 1968.

ELERT, K. H.: Erscheinungsformen sekundärer Sulfatminerale im Kaliflöz Staßfurt. – Bergakademie, 20, 447–454 (1968).

FIWEG, M. P.: Die Kalisalzlagerstätten in der UdSSR. – Freiberger Forsch.-H., A 267, 383–403 (1963).

FÜCHTBAUER, H.: Fazies, Porosität und Gasinhalt der Karbonatgesteine des norddeutschen Zechsteins. – Z. deutsch. geol. Ges., **113**, 484–531 (1961).

FÜCHTBAUER, H., & H. GOLDSCHMIDT: Beobachtungen zur Tonmineral-Diagenese. – Intern. Clay Conf., 1, 93–111 (1963).

GOTTESMANN, W.: Danbur't im Werraanhydrit Südbrandenburgs. – Geologie, **13**, 439–448, Berlin 1964.

– Zur Frage synsedimentärer Hartsalzbildung im Kaliflöz Staßfurt. – Geologie, **14**, 420–434, Berlin 1965 [1965a].

– Petrographische Argumente zur Kalisalzgenese im Staßfurtflöz. – Geologie, **14**, 1215–1223, Berlin 1965 [1965b].

HEMMANN, M.: Zechsteinzeitliche Gips/Anhydrit-Umwandlung, Anhydritklippenbildung und zugehörige Erscheinungen in der subherzynen Leine-Serie. – Mber. deutsch. Akad. Wiss. Berlin, **10**, 454–462 (1968).

JANKOWSKI, G., & W. JUNG: Deszendenzen im Leinesteinsalz des südöstlichen Harzvorlandes und ihre Beziehungen zu den Ablaugungsresten. – Ber. deutsch. Ges. geol. Wiss., A, **11**, 199–207 (1966).

JUNG, W.: Frühdiagenetisch-konkretionäre Umwandlungen in den Anhydriten des Zechsteins 1 im südöstlichen Harzvorland. – Freiberger Forsch.-H., A 123, 95–102 (1960).

KOSMAHL, W.: Zur Stratigraphie, Petrographie, Paläogeographie, Genese und Sedimentation des Gebänderten Anhydrits (Zechstein 2), Grauen Salztones und Hauptanhydrits (Zechstein 3) in Nordwestdeutschland. – Geol. Jb., Beih. 71 (1969).

KÜHN, R.: Rubidium als geochemisches Leitelement bei der lagerstättenkundlichen Charakterisierung von Carnalliten und natürlichen Salzlösungen. – Neues Jb. Miner., Mh., 107–115 (1963).

– Geochemistry of the German Potash Deposits. – Geol. soc. America, inc. special paper, 88, 429–504 (1968).

LÖFFLER, J.: Die geologischen Perspektiven einer Kalisalzerkundung im Norden der Deutschen Demokratischen Republik. – Bergbautechnik, 11, 593–602 (1961) [1961a].

– Zur Hartsalzerkundung durch Übertagebohrungen in der Deutschen Demokratischen Republik. – Z. angew. Geol., **7**, 347–349, Berlin 1961 [1961b].

MEIER, R.: Beitrag zur Geologie des Kaliflözes Staßfurt (Zechstein 2). – Geologie, Beih. 65, Berlin 1969.

PFLUG, H. D.: Zur Ausdeutung anhydritischer Fazies. – Neues Jb. Geol. Paläont., Mh., B, S. 212–229 (1964).

POSTUCHOVA, M. V.: Autigennye mineraly v chemogenno-terrigennych porodach tuztagskoj solenosnoj tolšči. – Litologija i poleznye iskopaemye, 1, 31–52 (1965).

RICHTER, F.: Zur Problematik exakter Begriffe in der geologischen Forschung. – Kurzref. Tag. Sektion Kali 3. u. 4. 12. 1969 Erfurt. Herausg. DGGW (in Vorbereitung für Ber. deutsch. Ges. geol. Wiss., A).

RICHTER-BERNBURG, G.: Über salinare Sedimentation. – Z. deutsch. geol. Ges., **105**, 593–645 (1955).

SCHULZE, G., & H. SEYFERTH: Der Bromgehalt an der Basis des Leinesteinsalzes und seine Beziehung zur Faziesdifferenzierung im Flöz Staßfurt. – Z. angew. Geol., **5**, 2, 62–69, Berlin 1959.

SEIDEL, G.: Die paläogeographischen Ursachen des faziellen Überganges von der kieseritischen Hartsalzfazies des Unstrut-Saale-Bezirkes in die anhydritische des Südharzbezirkes. – Geologie, **15**, 434–442, Berlin 1966.

SEYFARTH, H. H.: Umbildungserscheinungen in Salzgesteinen der Staßfurtserie. – Unveröff. Diss., Univ. Jena 1966.

SNYKATZ-KLOSS, W.: Sedimentpetrographische und geochemische Untersuchungen an Karbonatgesteinen des Zechsteins. Teil II. – Contr. mineral. petrol., 13, 232–268 (1966).

SYDOW, W.: Die Ausbildung des Ronneburg-Lagers unter besonderer Berücksichtigung des petrographischen Aufbaus und seiner sekundären Veränderung. – Kali Steinsalz, 2, 406–418 (1959).

VALJAŠKO, M. G.: Physikalisch-chemische Analyse der Auslaugungsprozesse komplizierter Kalirohsalze. – Freiberger Forsch.-H., A 267, 253–266 (1963).

# Bodenmechanische Kennwerte von Mittelsanden aus den Deckgebirgsschichten im Spreetalbereich und ihre Beziehungen untereinander

HANS MATSCHAK & ARNO RIETSCHEL, Freiberg (Sa.)

Die am Aufbau des Deckgebirges des Niederlausitzer Unterflözes beteiligten pleistozänen und tertiären Schichten von überwiegend nichtbindigen Erdarten sind für die Belange des Tagebaubetriebs in verschiedener Hinsicht von geotechnischem Interesse, so in unmittelbarem Zusammenhang mit den vorherrschenden Stabilitätsproblemen im anstehenden und im geschütteten Boden der Bagger- und Kippenböschungen (MATSCHAK 1956, SCHÖNWALD 1967) sowie auch hinsichtlich der Stabilität der Wände der verbreiteten Spülbohrungen. Außer den natürlichen Lagerungsverhältnissen dieser Erdarten und ihren Erdstoffkennwerten kommen daher auch jene Kennwerte in Betracht, die den geschütteten Boden, wie er in den Kippen vorliegt, betreffen. Schließlich sollen die zwischen den Kennwerten bestehenden Beziehungen dargelegt und analysiert werden.

Zur Lithologie des untersuchten Spreetalbereichs ist zu erwähnen, daß die den Untersuchungen zugrunde liegenden mittelsandigen Bodenproben als Besonderheit eine hohe Gleichförmigkeit aufweisen, die sich offenbar nicht nur auf das unmittelbare Entnahmegebiet beschränkt, sondern auch an anderer Stelle dieses Baufelds zu finden ist, so daß ihr eine gewisse regionale Bedeutung zukommen dürfte, worüber auch in anderem Zusammenhang berichtet wurde (MATSCHAK 1969).

Die verwendeten ungestörten Bodenproben wurden aus vier Baggerböschungen des Tagebaus Spreetal und damit über die gesamte Mächtigkeit des Deckgebirges von ca. 51 m längs eines Schnittes entnommen, wobei die in der Tab. aufgeführten Schnittiefen und Böschungswinkel vorherrschten.

Tabelle

| Baggerschnitt | Schnittiefe [m] (senkrecht) | Böschungswinkel [Grad] |
|---|---|---|
| 1 | 13,1 | 45 |
| 2 | 12,4 | 45 |
| 3 | 15,4 | 38 |
| 4 | 10,0 | 34 |

Die Proben wurden aus Schürfen von etwa 0,5 m Tiefe in der Böschung mittels Ausstechzylinder von 10 cm Durchmesser und 20 cm Höhe entnommen, so daß die ungestörte Struktur der Schichten erfaßt wurde, was bei der Entnahme rolliger Lockergesteine aus Bohrungen wegen der bekannten technischen Schwierigkeiten kaum möglich ist. Die Ansatzpunkte der Proben wurden so gewählt, daß jede visuell erkennbare Schicht durch mindestens eine Probe erfaßt wurde.

Eingang des Manuskripts in der Redaktion: 6. 2. 1970.

## Kennwertverteilung

Im Hinblick auf die Ermittlung der wichtigsten Kennwerte und ihre Beziehungen erstreckte sich die Untersuchung der 22 nichtbindigen Bodenproben auf Kornverteilung, Ungleichförmigkeitsgrad, Rohdichte, Porenanteil, Porenzahlen der lockersten und dichtesten Lagerung, Verdichtungsverhältnis und Verdichtungsfähigkeit.

Die am Deckgebirgsaufbau beteiligten Lockergesteinsarten (siehe Abb. 1) liegen zu drei Viertel in dem Kornband eines Mittelsands mit Feinsand, in vier Fällen im Grobsand-Kies-Bereich (Proben 6, 12, 14 und 15) und in zwei Fällen im Feinsandbereich (Proben 9 und 19), so daß der gesamte Sandbereich, wenn auch quantitativ unterschiedlich, vertreten ist. Die Kornverteilung in den Schichten der vier Abraumböschungen (siehe Abb. 2)

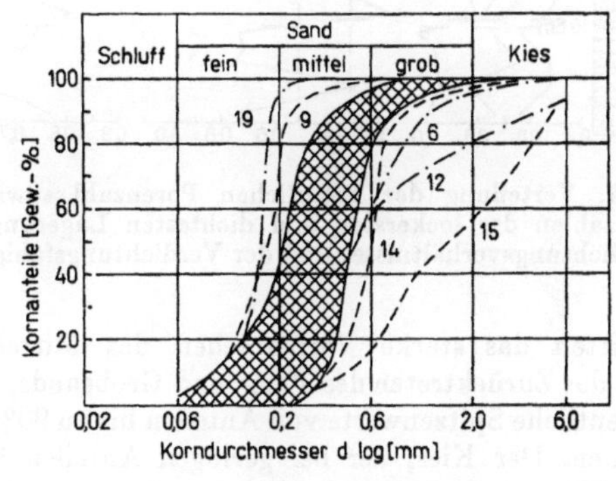


Abb. 1. Kornverteilungskurven

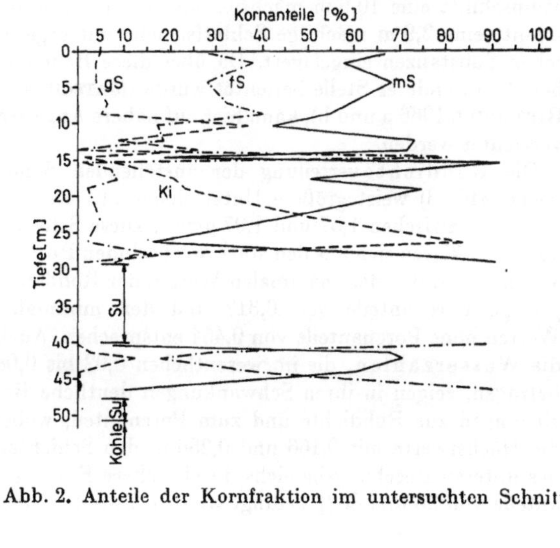


Abb. 2. Anteile der Kornfraktion im untersuchten Schnitt

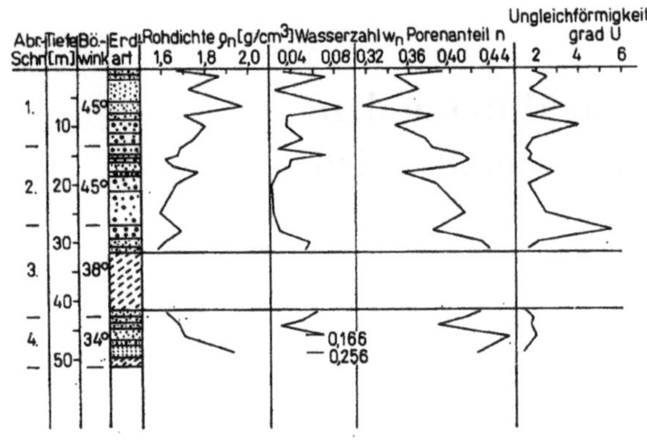

Abb. 3. Verteilung von Rohdichte, Wasserzahl, Porenanteil und Ungleichförmigkeitsgrad im untersuchten Schnitt

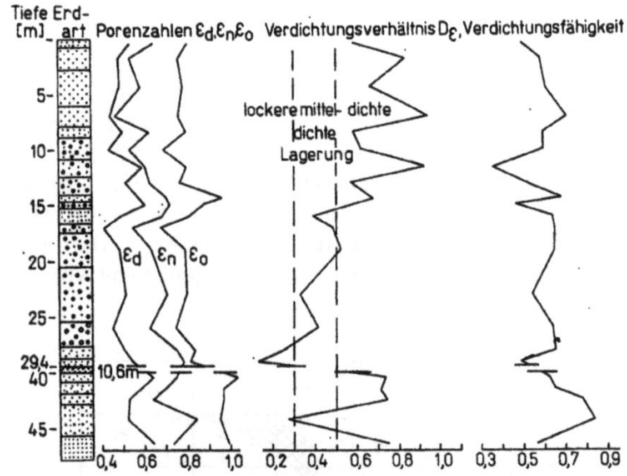

Abb. 4. Verteilung der natürlichen Porenzahl sowie der Porenzahlen der lockersten und dichtesten Lagerung, des Verdichtungsverhältnisses und der Verdichtungsfähigkeit

vermittelt das starke Vorherrschen des Mittelsands sowie das Zurücktreten des Fein- und Grobsands, wobei gelegentliche Spitzenwerte von Anteilen bis zu 90% vorkommen. Der Kies, der bei geringen Anteilen bis zu etwa 5% nur in einigen Schichten auftritt, erreicht in einem Falle (Probe 12) einen Anteil von 20%. In die Schichtenfolge dieser nichtbindigen Böden ist im 3. Abraumschnitt eine 10,6 m mächtige und im 4. Abraumschnitt eine 2,9 m mächtige Schluffschicht mit organischen Substanzen eingelagert. Da über diese Bodenart bereits an anderer Stelle berichtet wurde (MATSCHAK & RIETSCHEL 1966 a und b), kann hier auf nähere Angaben verzichtet werden.

Die Rohdichteverteilung der anstehenden Sande (siehe Abb. 3) weist größere Unterschiede aus und bewegt sich zwischen 1,57 und 1,97 g/cm³. Diese Schwankungen erklären sich aus den stark wechselnden Porenanteilen, wobei den maximalen Werten der Rohdichte geringe Porenanteile von 0,317 und den minimalen Werten hohe Porenanteile von 0,454 entsprechen. Auch die Wasserzahlen, die im wesentlichen 0,02 bis 0,08 betragen, zeigen in ihren Schwankungen deutliche Beziehungen zur Rohdichte und zum Porenanteil, wobei die Höchstwerte mit 0,166 und 0,256 in den Schichten des unteren Böschungsbereichs durch höhere Feinsandanteile von 36 und 88% bedingt werden. Zwischen dem Ungleichförmigkeitsgrad U, der für sämtliche Schichten in den Grenzen von 1,3 und 4,0 bzw. 5,5 liegt, und den anderen Kennwerten zeigen sich deutliche Zusammenhänge, vor allem zum Porenanteil, da die höheren U-Werte in den kleineren Porenanteilen zum Ausdruck kommen. Zu den Veränderungen der Kennwerte nach der Tiefe zu ist besonders zu bemerken, daß hier im Gegensatz zu normalen Verhältnissen eine Verminderung der Rohdichte und eine Zunahme der Porenanteile auftreten. Diese Erscheinung läßt sich auch bei der Untersuchung anderer Kennwerte beobachten. So ist das Verhalten der natürlichen Porenzahlen der Schichten ($\varepsilon_n$) (siehe Abb. 4) zu den entsprechenden Porenzahlen der lockersten und der dichtesten Lagerung ($\varepsilon_0$ und $\varepsilon_d$) bemerkenswert, indem bei annäherndem Gleichbleiben der beiden extremen Porenwerte bis in 30 m Tiefe die natürlichen Werte $\varepsilon_n$ etwa bis zu 15 m Tiefe näher an den $\varepsilon_d$-Werten liegen, wogegen sie von dort an mit zunehmender Tiefe mehr an die $\varepsilon_0$-Werte heranrücken.

Für das Verdichtungsverhältnis $D_\varepsilon$ (siehe Abb. 4) ergibt sich ebenfalls eine große Spanne zwischen den Grenzwerten von $D_\varepsilon = 0,939$ und 0,140. Hier zeigt sich besonders ausgeprägt die Abnahme des Verdichtungsverhältnisses nach der Tiefe zu, wobei mit $D_\varepsilon = 0,6$ bis 0,9 in den oberen Schichten eine dichte Lagerung vorherrscht, die nach unten in eine mitteldichte, ja sogar lockere Lagerung übergeht. Die Verdichtungsfähig-

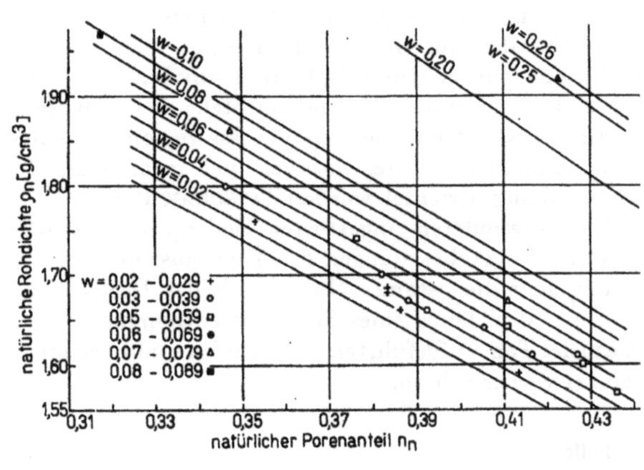

Abb. 5. Beziehung zwischen natürlicher Rohdichte und Porenanteil und der Wasserzahl als Parameter

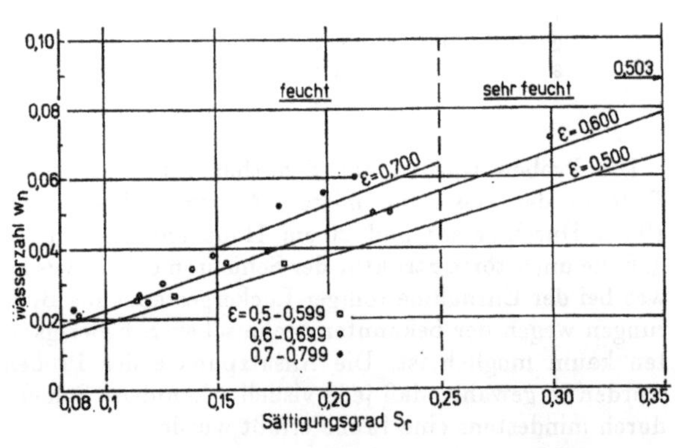

Abb. 6. Beziehung zwischen der Wasserzahl und dem Sättigungsgrad und der Porenzahl als Parameter

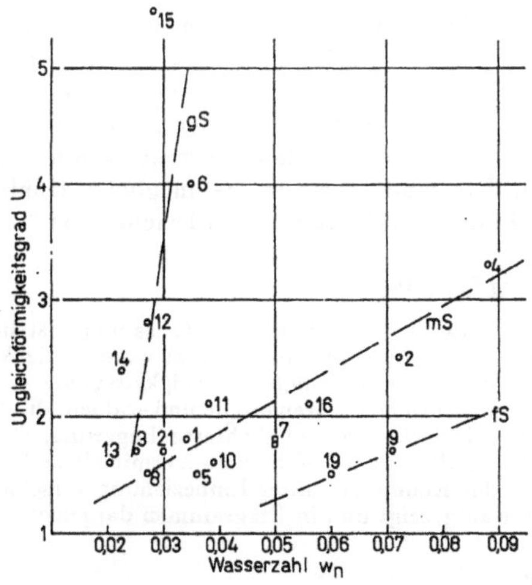


Abb. 7. Beziehung zwischen der Wasserzahl und dem Ungleichförmigkeitsgrad für Mittel-, Grob- und Feinsand

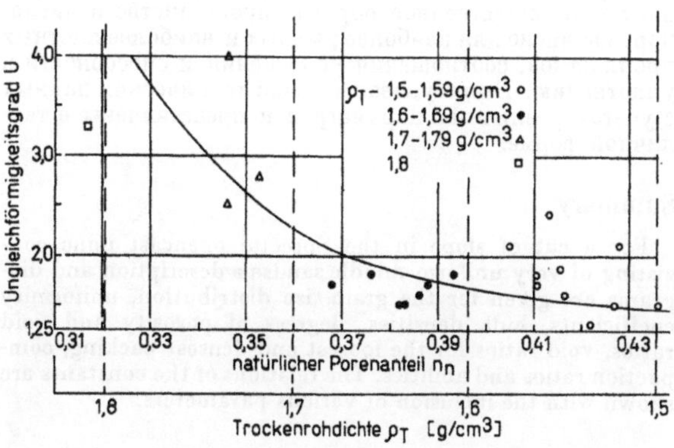


Abb. 8. Beziehung zwischen dem Ungleichförmigkeitsgrad, dem natürlichen Porenanteil und der Trockenrohdichte

keit $D_f$ (siehe Abb. 4) weist relativ geringe Schwankungen besonders oberhalb der Schluffeinlagerung auf, die sich etwa um $D_f = 0{,}6$ bewegen.

Als Ursache der anhand der verschiedenen Kennwerte ermittelten höheren Lagerungsdichten und Rohdichten im Bereich der oberen 15 Meter des Deckgebirges bei nur geringen Schwankungen der Verdichtungsfähigkeit kommen offenbar äußere Einflüsse in Betracht, wahrscheinlich die Druckerscheinungen der für dieses Gebiet bekannten Inlandeisüberdeckung, die u. a. auch durch die Ermittlung der geologischen Vorbelastung des liegenden Schlufftons des Unterflözes nachgewiesen wurde (MATSCHAK 1959).

## Kennwertbeziehungen

Auf Grund der gesetzmäßigen Zusammenhänge zwischen verschiedenen Erdstoffkennwerten sind im folgenden für die untersuchten Mittelsande einige Beziehungen dargestellt, wobei mit Rücksicht auf eine möglichst eindeutige Aussage auf die hierfür geeignet erscheinenden Kennwerte, wie Porenanteil bzw. Porenzahl, Rohdichte, Ungleichförmigkeitsgrad und Verdichtungsverhältnis, zurückgegriffen wurde.

Zwischen der natürlichen Rohdichte und dem Porenanteil läßt sich eine deutliche Beziehung erkennen (siehe Abb. 5), da mit der Abnahme von $\varrho_n = 1{,}9$ auf 1,57 eine Zunahme der Porenanteile von $n_n = 0{,}31$ auf 0,43 verbunden ist. Dabei zeigt sich für die Wasserzahl als Parameter in den Intervallen von $w_n = 0{,}02$ bis 0,029 sowie von 0,03 bis 0,039 usw. eine sehr gute Einordnung der Probenwerte in die berechneten Kurven, die nach der Gleichung

$$\varrho_n = \varrho_s (1 + w)(1 - n_n)$$

ermittelt wurden.

In diesem Zusammenhang ist die Beziehung der Wasserzahl zum Sättigungsgrad

$$S_r = w \cdot \varrho_s / \varepsilon \cdot \varrho_n$$

von Interesse (siehe Abb. 6), für die sich eine deutliche lineare Abhängigkeit zeigt. Als Parameter für dieses Diagramm ist die Porenzahl eingetragen, wobei sich die Probenwerte gut in die berechneten Kurven für $\varepsilon = 0{,}500$ bzw. 0,600 und 0,700 einordnen. Wie ersichtlich, liegen die Sättigungsgrade im wesentlichen zwischen 0,08 und 0,25 und damit im feuchten Bereich,

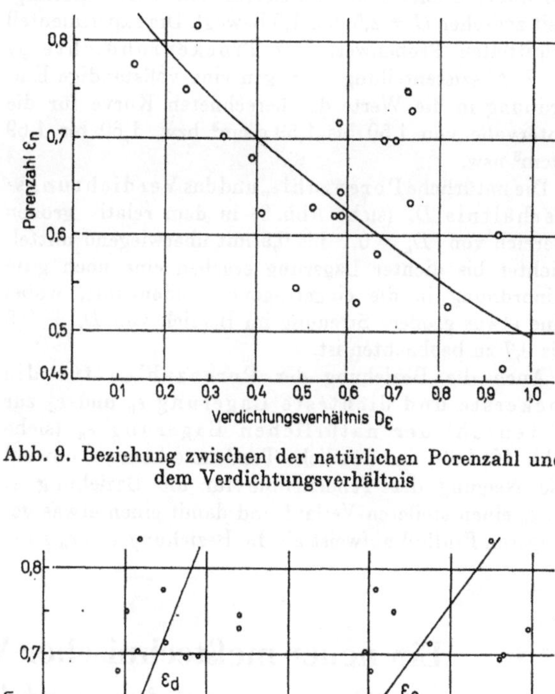


Abb. 9. Beziehung zwischen der natürlichen Porenzahl und dem Verdichtungsverhältnis

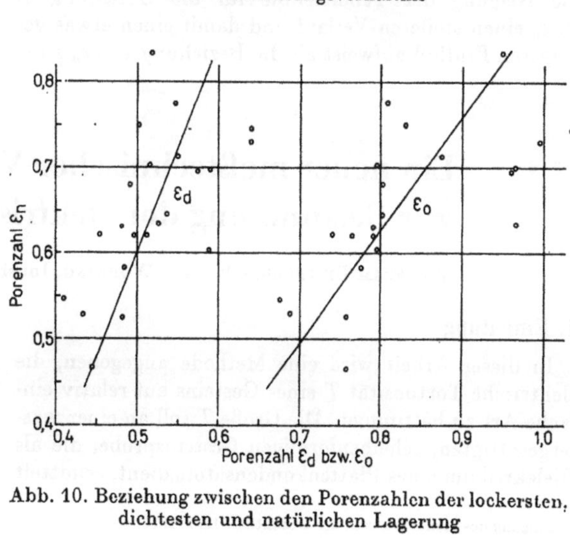


Abb. 10. Beziehung zwischen den Porenzahlen der lockersten, dichtesten und natürlichen Lagerung

wodurch die Auswirkung der Deckgebirgsentwässerung und eventuell eine gewisse Abtrocknung infolge der hierfür günstigen atmosphärischen Verhältnisse im Monat Juli, dem Zeitpunkt der Probeentnahme, ihren Ausdruck finden. Der höhere Sättigungsgrad von 0,503 entsprechend dem nassen Bereich bezieht sich auf stark feinsandig-schluffige Mittelsande, während der Feinsand unmittelbar im Hangenden des Braunkohlenschluffes mit $S_r = 0{,}929$ einen sehr nassen Zustand wiedergibt, der durch die geringe Entwässerbarkeit bedingt wird.

Auch zwischen der Wasserzahl und dem Ungleichförmigkeitsgrad (siehe Abb. 7) besteht eine deutliche Beziehung, wobei sich der hauptsächlichste Bereich des Mittelsands von dem des Grobsands (Proben 6, 12, 14 und 15) und des Feinsands (Proben 9 und 19) gut abgrenzen läßt, da letztere die extrem flachste bzw. steilste Lage der Tendenzgeraden einnehmen, wodurch das höhere Wasserbindevermögen des Feinsands gegenüber dem Grobsand gut zum Ausdruck kommt.

Die Beziehung des Ungleichförmigkeitsgrades zum natürlichen Porenanteil (siehe Abb. 8) bei einer deutlichen Zunahme des letzteren von $n_n = 0{,}317$ auf 0,437 geht mit einer deutlichen Verminderung von $U = 3{,}6$ bis 4 auf $U = 1{,}3$ bis 1,5 Hand in Hand, wobei sich der größte Teil der Werte infolge der bereits für dieses Gebiet charakterisierten hohen Gleichförmigkeit zwischen $U = 2{,}5$ und 1,5 bewegt. Die experimentell ermittelten Probenwerte der Trockenrohdichte $\varrho_T$ — 2. Abszissenteilung — zeigen eine vollständige Einordnung in die Werte der berechneten Kurve für die Intervalle von 1,50 bis 1,59 g/cm³ bzw. 1,60 bis 1,69 g/cm³ usw.

Die natürliche Porenzahl $\varepsilon_n$ und das Verdichtungsverhältnis $D_\varepsilon$ (siehe Abb. 9) in dem relativ großen Bereich von $D_\varepsilon = 0{,}1$ bis 0,9 mit überwiegend mitteldichter bis dichter Lagerung ergeben eine noch gute Einordnung in die eingetragene Tendenzlinie, wobei eine etwas größere Streuung im Bereich von $D_\varepsilon = 0{,}5$ bis 0,7 zu beobachten ist.

Auch die Beziehung der Porenzahlen für die lockerste und dichteste Lagerung $\varepsilon_0$ und $\varepsilon_d$ zur Porenzahl der natürlichen Lagerung $\varepsilon_n$ (siehe Abb. 10) läßt eine deutliche Tendenz erkennen, obwohl die Neigung der Tendenzlinie für die Beziehung $\varepsilon_n$ zu $\varepsilon_d$ einen steileren Verlauf und damit einen etwas geringeren Einfluß aufweist als die Beziehung von $\varepsilon_n$ zu $\varepsilon_0$ mit der flacheren Neigung der Tendenzlinie. Diese Erscheinung ebenso wie das Auftreten der extrem hohen Werte von $\varepsilon_0 = 0{,}947$ und 1,03 deuten darauf hin, daß die betreffenden Böden in der Lage sind, im geschütteten Zustand sehr hohe Porenvolumina zu bilden, ein Umstand, der für die mögliche Hohlraumbildung in den Tagebaukippen zu beachten ist.


## Zusammenfassung

Für einen aus sehr gleichförmigen Mittelsanden bestehenden Böschungsschnitt im Tagebau Spreetal werden die Verteilung der Körnungen, die Ungleichförmigkeitsgrade, die Rohdichten, die natürlichen Porenanteile und -zahlen, die Porenzahlen für die lockerste und dichteste Lagerung, die Verdichtungsverhältnisse und -fähigkeiten ermittelt und die Beziehungen der Kennwerte unter Einbeziehung verschiedener Parameter aufgezeigt und in Diagrammen dargelegt.

## Резюме

Для одного из срезов откоса в открытой горной выработке Шпреетaль, состоящего из очень однородного среднего песка, были определены распределение гранулометрического состава, степень разнородности, сырая плотность, естественное поровое пространство и число, поровое число для наиболее рыхлых и наиболее плотных пропластков, соотношения уплотнения и способности к уплотнению. Были указаны связи технических данных с учетом различных параметров и представлены в табличной форме.

## Summary

For a cut of slope in the Spreetal opencast mine consisting of very uniform middle sandsa a description and diagrams are given for the grain-size distribution, uniformity coefficients, bulk densities, degrees of porosity and void ratios, void ratios for the loosest and densest packing, compaction ratios and abilities. The relations of the constants are shown with the inclusion of various parameters.


## Literatur


MATSCHAK, H.: Das Auftreten von Setzungsfließen in Niederlausitzer Tagebaukippen. — Bergbautechnik, 5 (1956).

— Die geologische Vorbelastung von Deckgebirgs- und Liegendschichten in einigen Lausitzer und mitteldeutschen Tagebauen. — Bergakademie, 8 (1959).

— Beiträge zur Strukturforschung an Tagebaukippen. Teil III: Radiometrische und seismische Ermittlung unterschiedlicher Struktur- und Stabilitätsbedingungen. — Bergbautechnik, 10 (1969).

MATSCHAK, H., & A. RIETSCHEL: Der Braunkohlenschluff des Lausitzer Unterflözes und seine sedimentpetrographischen Besonderheiten. — Z. angew. Geol., 1, Berlin 1966 [1966a].

— Die geotechnischen Eigenschaften des Braunkohlenschluffes und sein Einfluß auf die Standsicherheit einiger Lausitzer Tagebaukippen. Bergbautechnik, 11 (1966) [1966b].

SCHÖNWALD, E.: Untersuchung seismischer Schwingungsparameter und anderer Einflußfaktoren bei Kippenrutschungen infolge Setzungsfließen. — Diss. Bergakad. Freiberg 1967.


# Ein neuer meßtechnischer Vorschlag zur Bestimmung der elektrischen Tortuosität von Gesteinen

WOLFRAM BITTERLICH & HANS WÖBKING, Innsbruck

## 1. Einleitung

In dieser Arbeit wird eine Methode angegeben, die elektrische Tortuosität $T$ eines Gesteins auf relativ einfache Art zu bestimmen. Die Größe $T$ soll an einer wassergesättigten, scheibenförmigen Gesteinsprobe, die als Dielektrikum eines Plattenkondensators dient, ermittelt werden. Grundlage dieses Verfahrens ist die Annahme, daß die an Plattenkondensatoren mit feuchtem Gestein als Dielektrikum gemessenen sehr hohen Kapazitätswerte und Verlustfaktoren durch das in den Poren vorhandene Porenwasser hervorgerufen werden. Unter Zugrundelegung der Theorie der Raumladungspolarisation kann man qualitativ und z. T. auch quantitativ die erhaltenen Kapazitätswerte theoretisch deuten, und

Eingang des Manuskripts in der Redaktion: 16. 2. 1970.

zwar für die Fälle, daß reines Porenwasser oder wassergesättigte Gesteinsscheiben als Dielektrikum eines Plattenkondensators dienen.

Für das Porengefüge des betreffenden Gesteins wird eine Modellannahme getroffen, aus der sich die Tortuosität vernünftig definieren läßt.

## 2. Zur Definition der Tortuosität von Gesteinen

Für die folgenden Betrachtungen wird dem Porengefüge der scheibenförmigen Gesteinsproben eine spezielle Modellannahme zugrunde gelegt, und zwar:

a) Das Porenvolumen werde durch gerade, gegen eine ebene Oberfläche geneigte Porenkanälchen erzeugt.

b) Diese Porenkanälchen sollen nicht miteinander kommunizieren.

c) Die wahre Länge eines $i$-ten Porenkanälchens sei $D_i$ [cm].

Wenn die Dicke der Gesteinsscheibe $d$ [cm] beträgt, läßt sich die Tortuosität $T_i$ für das $i$-te Porenkanälchen folgendermaßen angeben:

$$T_i = \frac{D_i}{d} \tag{1}$$

Im allgemeinen ist aber mit Tortuosität ein Mittelwert über die Einzeltortuositäten $T_i$ gemeint:

$$T = \frac{i\sum T_i}{N} = \frac{i\sum \frac{D_i}{d}}{N} = \frac{i\sum D_i}{N \cdot d} \tag{2}$$

$N$ ist dabei die Anzahl der von der betrachteten Oberfläche ausgehenden Porenkanälchen.

Man kann auch eine mittlere Länge $D$ der Porenkanälchen durch die Gleichung

$$D = \frac{i\sum D_i}{N} \tag{3}$$

errechnen und $T$ definieren als

$$T = \frac{D}{d} \tag{4}$$

## 3. Übliche Methode zur Bestimmung der Tortuosität

Die bekannteste Methode führt über die Ermittlung des Formationsfaktors $F_R$, der als Verhältnis des Widerstands eines flüssigkeitsgesättigten Gesteins zum Widerstand der Flüssigkeit selbst — bei konstanter Elektrodenanordnung — definiert wird, zur Tortuosität.

$$F_R = \frac{R_{\text{Gestein}}}{R_{\text{Wasser}}} \tag{5}$$

Nach WÖBKING (1968), HOWELL (1953) und SCHOPPER (1966) gilt

$$F_R = \frac{T}{\varnothing} \tag{6}$$

wobei:

$\varnothing$ — Porosität des Gesteins.

Somit ergibt sich für die Tortuosität $T$:

$$T = F_R \cdot \varnothing = \frac{R_{\text{Gestein}}}{R_{\text{Wasser}}} \cdot \varnothing \tag{7}$$

Die Größen $R_{\text{Wasser}}$, $R_{\text{Gestein}}$ und $\varnothing$ müssen gemessen werden, um $T$ nach Gleichung (7) ausrechnen zu können.

Eine von BITTERLICH & WÖBKING erarbeitete Methode erlaubt eine Ermittlung der Tortuosität $T$ über den sogenannten kapazitiven Formationsfaktor (Kapazitätsfaktor) $F_C$. Dieser Faktor ist definiert als Kapazität eines Kondensators mit Porenwasser als Dielektrikum dividiert durch die Kapazität des Kondensators mit wassergesättigtem Gestein als Dielektrikum für den Fall eines Plattenkondensators mit konstanter Elektrodenanordnung:

$$F_C = \frac{C_{\text{Wasser}}}{C_{\text{Gestein}}} \tag{8}$$

Deutet man die gemessenen Kapazitäten $C_{\text{Wasser}}$ und $C_{\text{Gestein}}$ mit Hilfe der Theorie der Raumladungspolarisation (siehe WÖBKING 1968, FRIAUF 1954, BLANK 1964 und LIDIARD 1957), so läßt sich Gleichung (8) weiter umrechnen in

$$F_C = \frac{T^2}{\varnothing} \tag{9}$$

$T$ — Tortuosität,

$\varnothing$ — Porosität.

Somit ergibt sich:

$$T = \sqrt{F_C \cdot \varnothing} = \sqrt{\frac{C_{\text{Wasser}}}{C_{\text{Gestein}}} \cdot \varnothing} \tag{10}$$

Um $T$ ermitteln zu können, sind die Größen $C_{\text{Wasser}}$, $C_{\text{Gestein}}$ und $\varnothing$ zu messen.

Durch die Entwicklung neuer Kunststoffe bietet sich die Möglichkeit, $T$ direkt — nämlich als Verhältnis der mittleren Länge $D$ der Porenkanälchen zur Gesteinsdicke $d$ — zu ermitteln: Man kann nach WATZNAUER, BUNGER & KNEBEL (1965) eine Gesteinsscheibe mit heißem, flüssigem Kunststoff tränken; beim Abkühlen verfestigt sich der Kunststoff und bildet das Porengefüge mit einer geringen Verzerrung infolge von Schrumpfungen beim Erstarren ab. Das eigentliche Gestein läßt sich mit Flußsäure weglösen, zurück bleibt der das Porengefüge darstellende Kunststoff. Mit einigem Arbeitsaufwand kann die mittlere Länge $D$ der Porenkanälchen bestimmt werden, somit auch nach Gleichung (4) die Tortuosität, da die Dicke $d$ der Gesteinsscheibe vor Beginn des Tränkens gemessen werden kann.

## 4. Eine neue Methode zur Bestimmung der Tortuosität

Benutzt man ein verlustbehaftetes Medium als Dielektrikum eines Plattenkondensators, so treten bei Anlegen einer Wechselspannung mit der Frequenz $f$ neben kapazitiven Effekten auch sogenannte dielektrische Verluste auf. Man kann einen solchen Kondensator ersetzen durch eine Kapazität $C_P$ parallel zu einem rein OHMschen Widerstand $R_P$ (siehe Abb. 1).

In Abb. 2 sind:

$I_C$ — kapazitiver Strom [A],
$I_R$ — OHMscher Strom [A],
$U$ — Spannung [V],
$I_Z$ — resultierender Strom [A],
$C_P$ — Parallelkapazität [F],
$R_P$ — Parallelwiderstand [Ω],
$W$ — $2\pi f$ = Kreisfrequenz [$sec^{-1}$],
$\varphi$ — Phasenwinkel zwischen Spannung und Gesamtstrom,
$\delta$ — Verlustwinkel.

Der resultierende Strom $I_Z$ zeigt gegenüber der Spannung $U$ eine Phasenverschiebung um den Winkel $\varphi$.

Es gilt:

$$\tan \varphi = W \cdot C_P \cdot R_P \tag{11}$$

Der Wert von $\tan \varphi$ läßt sich mit Hilfe eines Phasenmessers ermitteln.

Benutzt man Porenwasser als Dielektrikum eines Plattenkondensators, soll gelten:

$$(\tan \varphi)_W = W\, C_W \cdot R_W \tag{12}$$

Fungiert gesättigtes Gestein als Dielektrikum, möge gelten:

$$(\tan \varphi)_G = W\, C_G \cdot R_G \tag{13}$$

Die Indizes „G" und „W" werden zur Abkürzung für „Gestein" und „Wasser" verwendet.

Dividiert man Gleichung (12) durch Gleichung (13), ergibt sich:

$$\frac{(\tan \varphi)_W}{(\tan \varphi)_G} = \frac{W\, C_W R_W}{W C_G R_G} = \frac{C_W}{C_G} \cdot \frac{R_W}{R_G} \tag{14}$$

oder mit den Gleichungen (5) und (8):

$$\frac{(\tan \varphi)_W}{(\tan \varphi)_G} = \frac{C_W}{C_G} \cdot \frac{R_W}{R_G} = \frac{F_C}{F_R} \tag{15}$$

Benutzt man die Gleichungen (6) und (9), so kann man eine Beziehung zwischen den Phasenfaktoren $(\tan \varphi)_W$, $(\tan \varphi)_G$ und der Tortuosität $T$ angeben:

$$\frac{(\tan \varphi)_W}{(\tan \varphi)_G} = \frac{F_C}{F_R} = \frac{\varnothing \cdot T^2}{\varnothing \cdot T} = T \tag{16}$$

Es kann also die Tortuosität allein durch Messung der Phasenfaktoren eines Kondensators mit Wasser bzw. gesättigtem Gestein als Dielektrikum angegeben werden.

Voraussetzung dabei ist:

a) Die Elektrodenanordnung muß konstant bleiben.

b) Bei beiden Messungen muß die gleiche Frequenz $f$ benutzt werden.

## 5. Meßanordnung

Die Phasenmesser haben üblicherweise zwei hochohmige Eingänge, an welche je eine dem Strom und eine der Spannung proportionale Größe angelegt werden. Dabei ist darauf zu achten, daß die Meßgrößen nicht durch die Eingangsimpedanzen des Phasenmessers verfälscht werden.

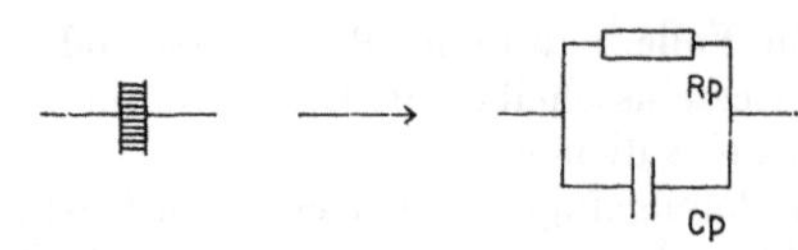


Abb. 1. Links — Kondensator mit verlustbehaftetem Dielektrikum, rechts — Ersatzschaltbild dazu

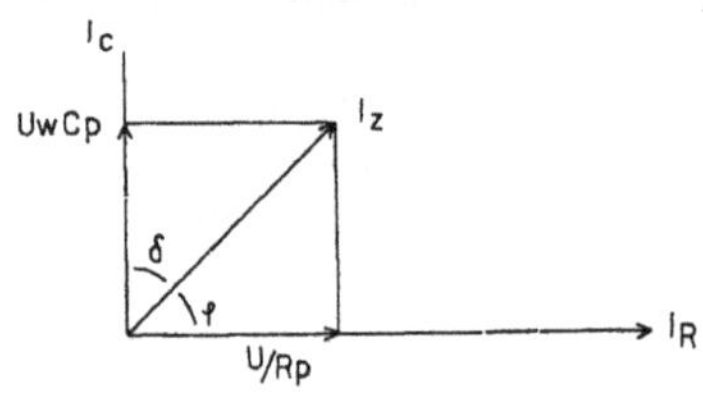


Abb. 2. Stromdiagramm für eine Parallelschaltung von Kapazität $C_P$ und OHMschem Widerstand $R_P$

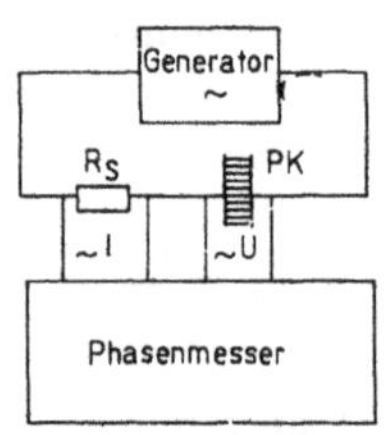


Abb. 3. Meßanordnung zur Bestimmung des Phasenwinkels für einen Plattenkondensator mit Wasser als Dielektrikum
$R_S$ — Serienwiderstand, PK — Plattenkondensator

Untersucht man reines Porenwasser, so betragen die Ersatzschaltbildgrößen bei $f = 100$ Hz etwa

$$C_W \approx 10^{-6}\, F \quad \text{und} \quad R_W \approx 400\, \Omega$$

Für diesen Fall kann man eine Maßenordnung verwenden, wie sie Abb. 3 zeigt.

Die Vergleichsspannung wird direkt am Kondensator abgenommen, die mit dem Strom gleichphasige Spannung fällt am Widerstand $R_S$ ab.

Bringt man ein wassergesättigtes Gestein als Dielektrikum in den Plattenkondensator ein, so ergeben sich bei $f = 100$ Hz folgende Ersatzgrößen:

$$C_G \approx 3 \cdot 10^{-8}\, F \quad \text{und} \quad R_G \approx 3000\, \Omega$$

Hier kann die gleiche Anordnung wie in Abb. 3 verwendet werden.

Steht ein Phasenmesser mit einem hoch- und einem niederohmigen Eingang zu Verfügung, wird man die am Plattenkondensator abzugreifende Spannung an den hochohmigen Eingang legen und den Gesamtstrom durch den niederohmigen Eingang fließen lassen (siehe hierzu Abb. 4).

Phasenmessung mit Hilfe einer Kapazitäts-Verlustfaktor-Brücke: Moderne Kapazitätsmeßbrücken sind meistens so eingerichtet, daß an ihnen auch der sogenannte Verlustwinkel $\delta$ (siehe Abb. 2) bzw. der Verlustfaktor $\tan \delta$ abgelesen werden kann. Für das in Abb. 1

wiedergegebene Ersatzschaltbild besteht folgender Zusammenhang zwischen dem Verlustfaktor $\tan \delta$, $\tan \varphi$ $C_P$, $R_P$ und $W$:

$$\tan \delta = \frac{1}{W C_P R_P} \tag{17}$$

$$\delta = 90^\circ - \varphi \tag{18}$$

$$\tan \varphi = \tan (90^\circ - \delta) = \frac{1}{\tan \delta} \tag{19}$$

Es läßt sich also der Phasenfaktor $\tan \varphi$ für einen Kondensator mit verlustbehaftetem Dielektrikum mit Hilfe der beschriebenen Kapazitätsbrücke bestimmen.

Phasenmessung mit Hilfe von LISSAJOUS-Figuren:

Zur Messung benutzt man einen Oszillographen mit x- und y-Eingang. Das Schaltbild für die Meßanordnung ist in Abb. 5 wiedergegeben.

Als LISSAJOUS-Figur erscheint auf dem Oszillographenschirm im allgemeinen eine schrägstehende Ellipse (siehe Abb. 6).

Für den Fall, daß x- und y-Eingänge des Oszillographen gleiche Verstärkungsfaktoren aufweisen, gelten nach CZECH (1955) folgende Beziehungen:

$$\sin \varphi = \frac{a}{b} \tag{20}$$

$$\cos \varphi = \sqrt{1 - \left(\frac{a}{b}\right)^2} \tag{21}$$

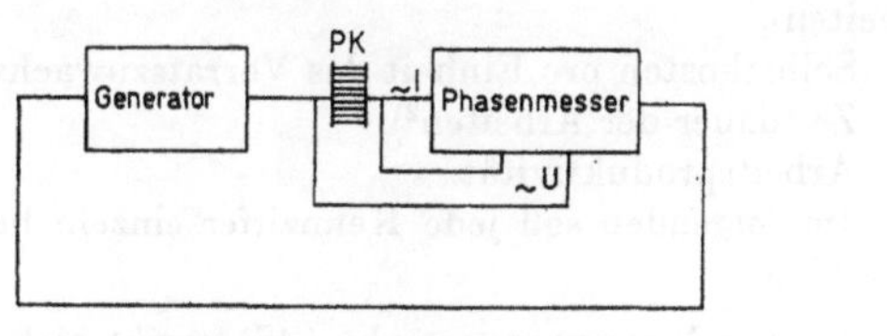


Abb. 4. Meßanordnung für einen Phasenmesser mit hoch- und niederohmigen Eingängen

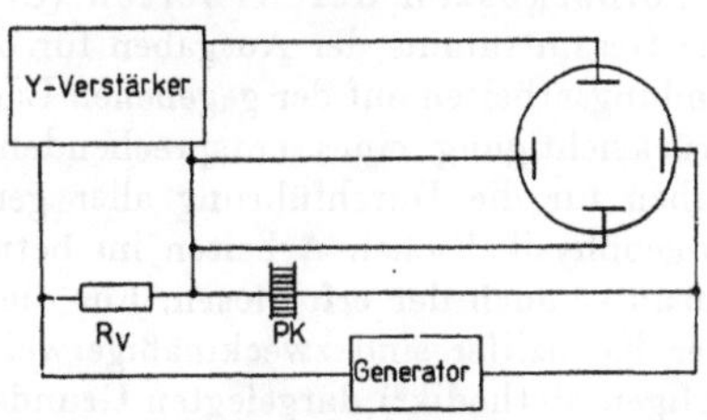


Abb. 5. Schaltbild zur Messung von Phasenwinkeln über LISSAJOUS-Figuren

$R_V$ – rein OHMscher Vergleichswiderstand, PK – Plattenkondensator mit verlustbehaftetem Dielektrikum

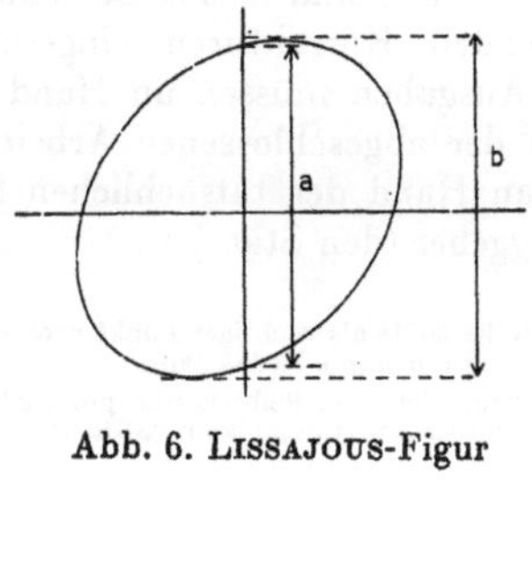


Abb. 6. LISSAJOUS-Figur

somit:

$$\tan \varphi = \frac{a}{\sqrt{b^2 - a^2}} \tag{22}$$

Dem Oszillographenbild sind die Werte von $a$ und $b$ zu entnehmen. Nach Gleichung (22) ist $\tan \varphi$ auszurechnen. Diese Methode wird wesentlich ungenauer sein als die vorher angeführten, da die Größen $a$ und $b$ quadratisch in die Formel für $\tan \varphi$ (22) eingehen — ein anfallender Meßfehler vervielfacht sich somit. Hinzu kommt, daß die Ablesegenauigkeit am Oszillographenschirm nicht sehr hoch ist.

Die zu benutzenden Wechselstromgeneratoren sollten kleine Kapazitäten gegen Masse haben — am besten werden Generatoren mit massefreien Ausgängen verwendet.

Bezüglich der Frequenzwahl ist zu sagen, daß offensichtlich bei Frequenzen $f \approx 100$ Hz die kapazitiven Effekte am besten durch die Theorie der Raumladungspolarisation, die den Betrachtungen zugrunde liegt, gedeutet werden können; daher ist die Frequenz $f = 100$ H als Meßfrequenz vorzuschlagen.

Der Wechselstromgenerator sollte frequenzstabil sein, da kleine Frequenzänderungen starke Kapazitätsvariationen hervorrufen (siehe hierzu WÖBKING 1968).

## Zusammenfassung

**Es wird eine neue Methode beschrieben, die Tortuosität von Gesteinsproben zu bestimmen, und zwar durch Messung der Phasenwinkel eines Plattenkondensators mit Porenwasser bzw. wassergesättigtem Gestein als Dielektrikum.**

## Резюме

**Описывается новый метод определения извилистости образцов пород посредством замера фазового угла с поровой водой или водонасыщенной породы как диэлектрики.**

## Summary

**A new method is described for determining the tortuosity of rocks by measuring the phase-angles of a plate capacitor, with pore water and water-saturated rocks used as dielectrics.**

## Literatur

BITTERLICH, W., & H. WÖBKING: Eine neue gefügekundliche Größe und ihre Bedeutung für die Bestimmung der Porosität und der elektrischen Tortuosität von Gesteinen. – Gerlands Beiträge zur Geophysik (in Vorbereitung).

BLANK, K.: Raumladungserscheinungen in flüssigen und festen Ionenleitern. – NTW, Dielektrika, 29, 41–50 (1964).

CZECH, J.: Der Elektronenstrahloszillograph. – Berlin 1955.

FRIAUF, R. J.: Polarization effects in the ionic conductivity of silverbromide. – J. Chem. Physics, 22, 1329–1338 (1954).

HOWELL, jr., B. F.: Electrical conduction in fluid saturated rocks. – World Oil, 136/137, 113–116 u. 142–146 (1953).

LIDIARD, A. B.: Ionic Conductivity. – Handb. Physik, 20, 311–323 (1957).

SCHOPPER, J. R.: Theoretical investigation on the formation factor/permeability/porosity relationship using a network. – Geophysical Prospecting, 14, 301–341 (1966).

WATZNAUER, A., K. BUNGER & B. KNEBEL: Beitrag zur räumlichen Darstellung des Porenraumes von Sedimentgesteinen. – Z. angew. Geol., 11, S. 86, Berlin 1965.

WÖBKING, H.: Über den Frequenzgang der Dielektrizitätskonstante und der elektrischen Leitfähigkeit bei Gesteinen und über die Bedeutung der elektrischen Gesteinsparameter für die Bestimmung gefügekundlicher Größen. – Diss., Innsbruck 1968.

Zeitschrift für angewandte Geologie, Bd. 16 (1970), Heft 6



# Über die Effektivitätsberechnung geologischer Erkundungsarbeiten bei der Berechnung der Vorräte von Erdöl- und Erdgaslagerstätten

N. M. ROSENBERG, UdSSR

Die Instruktion über die Eingabenordnung, den Inhalt und die Form der Unterlagen zur Berechnung von Erdöl- und Erdgasvorräten, die zur Bestätigung an die Staatliche Kommission für Vorräte nutzbarer Bodenschätze beim Ministerrat der UdSSR (GKS)[1]) eingereicht werden, sieht vor, daß im Text des Berichtes neben anderen Abschnitten ein Abschnitt „Effektivität der geologischen Erkundungsarbeiten" enthalten ist. Das dazu veröffentlichte Berichtsschema enthält lediglich die Bezeichnung des Abschnittes und eine kurze Aufzählung der Kennziffern.

Da konkrete Hinweise über das Verfahren zur Ermittlung der Aufwendungen für die Such- und Erkundungsarbeiten und damit folglich auch über die Methodik zur Ermittlung der Selbstkosten für den Vorratszuwachs an Erdöl (Erdgas) fehlen, wird der Erkunder in eine schwierige Lage versetzt. Deshalb ist gerade dieser Abschnitt in den an die GKS eingereichten Berichten äußerst ausdruckslos und dürftig. In den meisten Fällen beschränken sich die Einreicher — ohne daß man Orientierungspunkte für eine richtige und vollständige Erörterung der Fragen über Effektivität der Arbeiten findet — auf eine Gegenüberstellung des Umfangs an Vorratszuwachs mit den finanziellen Aufwendungen, die nach verschiedenen Verfahren berechnet werden.

Teilweise werden lediglich die Ausgaben für die tiefen Bohrungen zur Lagerstättensuche und -konturierung berücksichtigt. In anderen Fällen werden auch die Ausgaben für alle geologisch-geophysikalischen Arbeiten in dem betreffenden Untersuchungsgebiet (Struktur) mit einbezogen. Eine dritte Art der Berechnung schließt auch die Ausgaben für gerichtete regionale Untersuchungen und für — hinsichtlich der Suche nach Erdöl und Erdgas — erfolglose geologische Untersuchungsarbeiten in diesem Gebiet mit ein. Doch damit sind die Unterschiede nicht erschöpft. Die einen sehen als finanzielle Ausgaben die projektierten Kosten der durchgeführten Arbeiten an, d. h. in der Höhe, wie sie aus dem Staatshaushalt zur Verfügung gestellt wurden, die anderen bestimmen die Ausgaben an Hand der tatsächlichen Selbstkosten, d. h. in Höhe der Aufwendungen für die Produktion, ohne Berücksichtigung des Gewinns der geologischen Erkundungsorganisationen. Selbst diese bei weitem nicht vollständige Aufzählung beweist, daß es notwendig ist, ein einheitliches Herangehen festzulegen.

Das gleiche muß auch zur Analyse und Auswertung der Erkundungsarbeiten festgestellt werden. Eine unmittelbare Kontrolle der Produktions- und Wirtschaftstätigkeit der geologischen Erkundungsorganisationen ist nicht Aufgabe der GKS; das liegt vollständig in der Kompetenz der entsprechenden Ministerien und Verwaltungen. Die Staatliche Vorratskommission hat ihr Interesse auf den Endeffekt der Arbeiten und auf eine vergleichende Bewertung der neunachgewiesenen Lagerstätten mit Lagerstätten des gleichen Bezirks, anderer Gebiete und mit den mittleren Kennziffern des Industriezweigs zu richten.

Folglich muß im vorliegenden Fall die Analyse eine minimale Anzahl von Kennziffern enthalten, die die Möglichkeit einer Ermittlung der Effektivität der Arbeiten auf einer konkreten Lagerstätte sichert.

Auf der Grundlage persönlicher Erfahrungen des Verf. und der Auswertung der Arbeiten anderer Spezialisten scheint es, daß zur Lösung der gestellten Aufgabe folgende Kennziffern dienen könnten:

Vorratszuwachs,
Ausgaben für die Produktion (Selbstkosten der Arbeiten),
Selbstkosten pro Einheit des Vorratszuwachses,
Zeitdauer der Arbeiten[2]),
Arbeitsproduktivität.

Im folgenden soll jede Kennziffer einzeln betrachtet werden.

1. Der Vorratszuwachs ($\Delta S$) ergibt sich aus den Unterlagen des entsprechenden Berichtsabschnittes.

2. Die Selbstkosten der Arbeiten (C) ergeben sich als die Gesamtsumme der Ausgaben für die Such- und Erkundungsarbeiten auf der gegebenen Lagerstätte unter Berücksichtigung eines entsprechenden Anteils der Ausgaben für die Durchführung aller gerichteten geologisch-geophysikalischen Arbeiten im betreffenden Gebiet, darunter auch der erfolglosen. Für die Berechnung dieser Kennziffer sind zweckmäßigerweise die in der vorläufigen Methodik[3]) dargelegten Grundsätze anzuwenden. Unter Berücksichtigung dessen, daß in der Methodik eine Kostenbewertung der Arbeiten insgesamt für ein Gebiet vorgesehen ist, daß aber in dem der GKS einzureichenden Bericht nur jeweils eine konkrete Lagerstätte betrachtet wird, sind in das Berechnungsschema die entsprechenden Korrekturen eingeführt worden (s. Abb.). Die Ausgaben müssen an Hand der projektierten Kosten der abgeschlossenen Arbeiten ermittelt werden, d. h. an Hand der tatsächlichen Selbstkosten für den Auftraggeber (den Staat).

Aus: „Geologija nefti i gasa", H. 10, S. 41–43, Moskau 1969.
Übers.: Dr. K.-H. BINTIG, ZGI, Berlin.

[1]) Instruktion zur Anwendung der Vorratsklassifikation auf Erdöl- und Erdgaslagerstätten (Gosgeoltechisdat, Moskau 1960).

[2]) Zweckmäßigerweise sollte als wichtiger Punkt noch der Abschluß der Arbeiten aufgenommen werden (die Redaktion).

[3]) Methodik zur Ermittlung der Selbstkosten pro Einheit des Vorratszuwachses an Erdöl und Erdgas (Gosgeolkom SSSR, 1964).

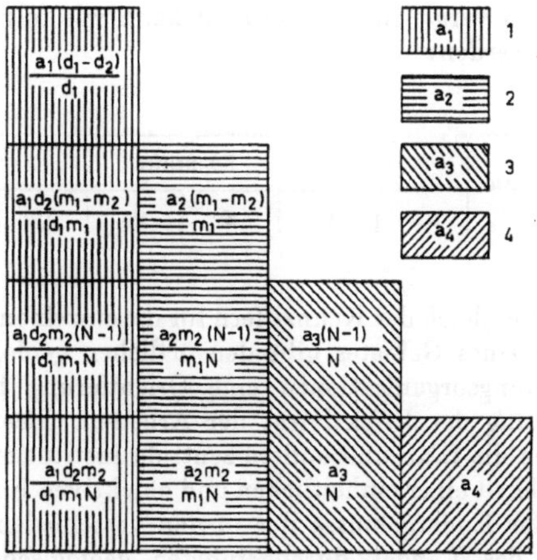


**Abb.: Schema der Abrechnung geologischer Erkundungsarbeiten auf Erdöl und Erdgas auf einer Lagerstätte**

Stadien: 1 – gerichtete regionale Untersuchungen; 2 – Vorbereitung der Strukturen für das Niederbringen tiefer Bohrungen; 3 – Suchbohrungen; 4 – Erkundungsbohrungen
a – Ausgaben für vollendete Arbeiten des entsprechenden Stadiums des geologischen Untersuchungskomplexes; N – Anzahl der nachgewiesenen Lagerstätten; $m_1$ – Gesamtanzahl der Strukturen, die zum Niederbringen tiefer Suchbohrungen im Gebiet vorbereitet wurden; $m_2$ – Anzahl der Strukturen, auf denen die tiefen Suchbohrungen abgeschlossen sind; $d_1$ – Gesamtumfang der im Gebiet nachgewiesenen perspektivischen Flächen; $d_2$ – Umfang der perspektivischen Flächen, auf denen die Vorbereitungsarbeiten zum Niederbringen tiefer Bohrungen abgeschlossen sind

Die gesamten Selbstkosten der mit dem Nachweis und der Erkundung einer einzelnen Lagerstätte verbundenen geologischen Untersuchungsarbeiten werden nach folgender Formel berechnet:

$$C = a_4 + \frac{a_3}{N} + \frac{a_2 m_2}{m_1 N} + \frac{a_1 d_2 m_2}{d_1 m_1 N} \quad (1)$$

Dabei sind:

$a_4$ — Aufwand für die Erkundungsarbeiten und die Vorratsberechnung der Lagerstätte;

$\frac{a_3}{N}$ — der Anteil des Gesamtaufwandes für Suchbohrungen einschließlich der erfolglosen Arbeiten im Gebiet, der auf eine nachgewiesene Lagerstätte entfällt;

$\frac{a_2 m_2}{m_1 N}$ — der Anteil des Gesamtaufwandes für die Strukturvorbereitung zum Niederbringen tiefer Bohrungen einschließlich der erfolglosen Arbeiten im Gebiet, der auf eine nachgewiesene Lagerstätte entfällt;

$\frac{a_1 d_2 m_2}{d_1 m_1 N}$ — der Anteil des Gesamtaufwandes für gerichtete regionale Arbeiten zum Nachweis perspektivischer Flächen und Strukturen dritter Ordnung im Gebiet, der auf eine nachgewiesene Lagerstätte entfällt.

3. Die Selbstkosten pro Einheit des Vorratszuwachses ($Z$) ergeben sich aus dem Quotienten: Gesamtaufwand ($C$) durch Gesamtzuwachs an Vorrat ($\Delta S$).

$$Z = \frac{C}{\Delta S} \quad (2)$$

Als günstigste Vorratseinheiten sollten 1 t Erdöl bzw. 1000 m$^3$ Erdgas verwendet werden. Der Vorratszuwachs sollte zweckmäßigerweise gesondert betrachtet werden: für Bilanzvorräte — als Summe der Vorratsklassen A, B, $C_1$, $C_2$; für ausbringbare Vorräte — als Summe der Vorratsklassen A, B, $C_1$.

Man kann auch andere Maßeinheiten verwenden; sie müssen jedoch unbedingt entsprechend der Instruktion und einheitlich für alle Ausführenden festgelegt werden.

Die Größe $Z$ charakterisiert gleichzeitig auch die spezifischen Investitionen für den Vorratszuwachs an Erdöl und Erdgas.

4. Die Dauer der Arbeiten ($T_k$) ergibt sich als der Zeitaufwand nach Kalendertagen für die Realisierung aller Etappen des geologischen Untersuchungskomplexes vom Nachweis der Fallen bis zur Berechnung der Vorräte für die gegebene Lagerstätte.

Die Berechnung der Zeiten kann nach Monaten oder Jahren erfolgen. Es muß jedoch unbedingt die gesamte Kalenderzeit berücksichtigt werden, darunter auch die Stillstandszeiten einschließlich ihrer Dauer und Ursachen. Wichtig ist die Angabe der genauen Daten folgender Arbeiten:

Beginn der gerichteten regionalen Untersuchungen im Gebiet;

Beginn der Vorbereitung der gegebenen Struktur für das Niederbringen tiefer Bohrungen;

der Ansatz der ersten Suchbohrung;

Erhalt des ersten industriellen Zuflusses an Erdöl und Erdgas;

Abschluß der Erarbeitung des technisch-ökonomischen Berichtes oder der ersten Vorratsberechnung für die Lagerstätte.

Im beschreibenden Teil müssen für jede Etappe die Arten und Methoden der durchgeführten geologisch-geophysikalischen Arbeiten aufgezählt werden. Abschließend ist eine Gesamtberechnung des Zeitaufwandes nach Kalendertagen vorzunehmen.

5. Arbeitsproduktivität ($P_T$)

Zur Bestimmung dieser Kennziffer müssen Angaben über den Arbeitsaufwand vorliegen. Wir wollen uns sofort darüber im klaren sein, daß die Ermittlung dieser wichtigen Kennziffer, die unbedingt bei der Bewertung nachgewiesener Lagerstätten berücksichtigt werden muß, anfangs infolge des Fehlens einer primären Erfassung direkt am Arbeitsort nicht gesichert werden kann. Eine solche Erfassung kann jedoch wenigstens in der Form der summarischen Errechnung tatsächlich angefallener Arbeitszeit auf der Grundlage der überall geführten Kontrollzettel organisiert werden. Die Aufstellung dieser Angaben in den Berichten jedes Trupps, jeder Expedition, jeder Erkundung, jedes Kontors usw. muß mittels Direktive verbindlich angewiesen werden. Dadurch wird es möglich, neben den Kostenkennziffern auch den Arbeitsaufwand für die Suche und Erkundung von Erdöl- und Erdgaslagerstätten zu berücksichtigen. Die Berechnung des Arbeitsaufwandes ($T$), ausgedrückt durch eine einheitliche Maßeinheit (Mann—Tage, Mann—Stunden usw.) kann nach dem gleichen Schema wie für die Bestimmung der Selbstkosten erfolgen. Der Anteil des Arbeitsaufwandes für Vorarbeiten und für erfolglose Arbeiten wird aus analogen Formeln bestimmt, in denen an Stelle der Größe $a$ (projektierte Kosten der Arbeiten) die Größe $P$ — die tatsächlich aufgewendete Arbeitszeit — eingesetzt wird:

$$\Sigma T = P_4 + \frac{P_3}{N} + \frac{P_2 m_2}{m_1 N} + \frac{P_1 d_2 m_2}{d_1 m_1 N} \quad (3)$$

wobei:

$P$ — Aufwand an Arbeitszeit für die Durchführung der Arbeiten des entsprechenden Stadiums des geologischen Erkundungszyklus.

Die Arbeitsproduktivität kann als Quotient aus dem Gesamtvorratszuwachs ($\Delta S$) und der Kennziffer für den Gesamtarbeitsaufwand berechnet werden:

$$P_T = \frac{\Delta S}{\sum T} \quad (4)$$

Unter Verwendung der obenangeführten Kennziffern kann man eine Effektivitätsanalyse der geologischen Erkundungsarbeiten durchführen, in deren Ergebnis eine konkrete Lagerstätte nachgewiesen und ein Vorratszuwachs an Erdöl (Erdgas) erhalten wurde. Die absolute Höhe jeder Kennziffer wird dabei den Werten analoger Kennziffern für bereits früher in dem gleichen geologischen Gebiet bzw. in anderen Gebieten des Landes nachgewiesenen Lagerstätten oder den mittleren Werten für den ganzen Industriezweig gegenübergestellt.

Das zu vergleichende Material kann wie folgt angeordnet werden:

| Lagerstätte | Kennziffer | | | | | |
|---|---|---|---|---|---|---|
| | $\Delta S$ | $C$ | $Z$ | $T_K$ | $\sum T$ | $P_T$ |

Ein Vergleich der Kennziffern für die einzelnen Lagerstätten eines Gebietes gibt den örtlichen geologischen Erkundungsorganisationen eine Orientierung bei der Bewertung der Effektivität der Arbeiten. Gleichzeitig erhalten die GKS und andere zentrale Institutionen die Möglichkeit einer einheitlichen und objektiven Einschätzung der Endergebnisse der in den verschiedenen Gebieten des Landes durchgeführten geologischen Erkundungsarbeiten auf Erdöl und Erdgas. Darüber hinaus werden — entsprechend dem Zuwachs an solchen Unterlagen — die Bedingungen für die Ausarbeitung von Normativen für jede Kennziffer und für eine Gesamtbewertung von Lagerstätten geschaffen.

# Besprechungen und Referate

**Sammelband zur allgemeinen Geologie**

Paris: Bureau de Recherches Géologiques et Minières 1969. Bulletin, Sekt. IV, Ser. 2, Nr. 2, 109 S., 5 Abb., 37 Taf.

Das Bureau de Recherches Géologiques et Minières (BRGM) gibt neben den als Memoiren erscheinenden Einzelarbeiten in regelmäßiger Folge Aufsatzreihen als Bulletin in vier Sektionen heraus. Sie umfassen die Themenkreise 1. Geologie Frankreichs, 2. Angewandte Geologie, 3. Hydrogeologie und 4. Allgemeine Geologie und Verschiedenes. Zu dieser letzten Sektion gehört nun das obengenannte Heft, das die drei nachstehend besprochenen Aufsätze enthält.

DANGEARD, L., & P. GIRESSE: Enseigenements géologiques des photographies sous-marines

Dieser Aufsatz nimmt von S. 2—85 den Hauptteil des Heftes ein und besteht aus einem kurzen Text und 35 Tafeln mit 102 durchweg recht instruktiven Unterwasserbildern. Erste wissenschaftliche Aufnahmen vom Meeresgrund veröffentlichte EWING (1946); mit der Vervollkommnung der Unterwasserkameras ist eine Fülle sedimentärer Strukturen teils mechanischen, teils biologischen Ursprungs bekannt und z. T. auch veröffentlicht worden (LAUGHTON 1963; LABAN u. a. 1963; HEEZEN & HOLLISTER 1964). Man bedient sich auch der Farb- und Stereoaufnahmen. Da jetzt außerdem Möglichkeiten gleichzeitiger Beobachtung des Aufnahmegebietes bestehen, konnte die Bildausdeutung wesentlich aussagekräftiger gestaltet werden. Die bisi n 7000 m Tiefe vorgetragenen Aufnahmen verteilen sich in der Hauptsache auf die Meere der gemäßigten nördlichen Breiten, während aus den südlichen Teilen der drei Ozeane sowie aus den Meeren beider polarer Regionen bisher noch kaum submarine Photos vorliegen.

Aus dem Bereich der Sedimentologie werden Figuren und Strukturen mechanischen Ursprungs, biologischer Entstehung, die lithologische Fazies sowie Organismenassoziationen und biologische Fazies behandelt. Am Meeresgrunde herrschen Strömungen von 0,4—0,6 m/s, die Einfluß auf Morphologie und Sedimentverteilung nehmen. Strukturen biologischen Ursprungs sind zumeist bei stark verlangsamter Wasserbewegung erhalten. Die Fazies der submarinen Gründe zeigen große Unterschiede und wechseln oft ziemlich abrupt. Aus diesen und ähnlichen Beobachtungen wird die geringe gegenwärtige Sedimentationsgeschwindigkeit bestätigt. Nach der Assoziation der Organismen werden zehn biologische Fazies unterschieden. Die Tiefseeaufnahmen machen mit Besonderheiten vulkanischer Gesteine, z. B. bei Madeira und auf dem araboindischen Plateau, bekannt. So liegt aus 3000 m die Aufnahme einer Stricklava vor; Hangbrekzien wurden entdeckt; und nach miozänen Foraminiferen gelang die Datierung von Grabenbildungen. Über das submarine Relief gibt die Untermeeresphotographie wegen ihrer räumlichen Begrenztheit nur beschränkte Auskunft, so u. a. über Rinnen und Kontinentalabhänge. Ferner wurden Verwerfungen mit ortsfremden Blöcken an ihrem Fuße sowie auch Blöcke mit Mikroerosionen aufgenommen. Schließlich geben die Bilder noch Hinweise auf Sedimentationsgeschwindigkeiten und Sedimentverfestigung. Bemerkenswert sind die Angaben über die Abhängigkeit gewisser morphologischer Formen von ihrer Tiefenlage.

REYRE, Y.: Importance de l'étude qualitative des grains de pollen de gymnospermes dans le Trias supérieur et le Lias inférieur du Sahara algéro-tunisien

Aus Bohrproben der sandig-tonigen Trias von Gassi-Touil wurde eine Mikroflora von Gymnospermen bearbeitet, die vermutlich dem mediterranen Karn, also dem Unteren Keuper, entspricht. Hieraus werden Pollen der Gattung *Classapollis* (PFLUG) POCOK & JANSONIUS beschrieben und abgebildet, die zu den Pinales bzw. den Podocarpales gestellt werden.

BERTHOIS, L., & I. PACHECO: Essais sur les vitesses de dépôts des sédiments

An je einem Sediment aus gemäßigtem (Frankreich), tropischem (Guinea) und arktischem (Grönland) Gebiet werden pH-Werte bei verschiedenen Temperaturen, das C:N-Verhältnis und die Teilchenform bestimmt und in ihrer Bedeutung als Funktion der Sedimentationsgeschwindigkeit erörtert. Insbesondere wird der Einfluß der organischen Substanz und der Temperatur auf die Sedimentationsgeschwindigkeit untersucht.

In den drei Aufsätzen des Heftes wird über moderne Fragen und neuere Arbeitsergebnisse aus der allgemeinen Geologie berichtet. Der auch hier wiederum übersichtlich gegliederte Text enthält ausführliche Literaturnachweise und wird durch gutes Bildmaterial unterstützt. So ist auch dieses „Bulletin" des BRGM ein Band, der dem Geologen vielfache Anregungen geben wird. K. DETTE

DADET, P.

**Notice explicative de la carte géologique de la République du Congo Brazzaville au 1: 500000**
**(zone comprise entre les parallèles 2° et 5° Sud)**

Paris: Bureau de Recherches Géologiques et Minières, Mémoires Nr. 70, 1969. 100 S., 1 Fig., 1 Tab., 1 Faltkarte, frcs. 95,00

Die von 1958 bis 1966 im Südteil der Republik Kongo Brazzaville durchgeführten Geländearbeiten konnten sich auf ausgedehnte Vorarbeiten stützen, die von G. GÉRARD (1958) mit in der „Geologischen Karte von Französisch-Äquatorialafrika 1:2000000" zusammengefaßt wurden. Der Ausschnitt der jetzt vorgelegten Karte beschränkt sich auf das ziemlich einheitliche Gebiet zwischen 2° und 5° Süd und westlich von 15° Ost. In ihm liegen zahlreiche Neuaufschlüsse. Im Nord- und Nordostteil des Landes fehlen solche Voraussetzungen noch.

In einer kurzen Übersicht werden die einzelnen, nach ihrem Bauplan unterschiedenen und auch im geologischen Kartenbild gut zu erkennenden Regionen morphologisch definiert. So schließen sich an die 40 km breite Küstenebene in Nordostrichtung an die Ketten von Mayombe, die Ebenen von Niari, das Massiv von Chaillu, die östliche Ausstrichzone der Bouenza-Serie, die Sandsteinschiefer-Hochflächen und das Plateau von Batéké.

Die Beschreibung der geologischen Formationen gibt bei jeder Gruppe zugleich deren tektonische Struktur und ihre Mineralisation an. Daran schließt sich eine Darstellung der Gesamtentwicklung im Präkambrium. Schließlich werden die jüngeren Formationen und die geologische Entwicklung des Gebietes seit Ende Präkambrium beschrieben. So behandelt der Text nach Vorwort und Abriß der physischen Geographie in zwei Hauptteilen die präkambrischen Formationen und die Formationen der jüngeren Überdeckung.

Die präkambrischen Formationen streichen in einem ca. 270 km breiten Bande zwischen den Küstensedimenten im SW und dem Kongo-Becken im NE aus. In den entsprechenden Formationen von Kongo Kinshasa erkannten belgische Geologen drei Orogenesen und drei Einheiten: das Zadonien, das Mayombien und das West-Congolien. Nach radiometrischen Datierungen beträgt ihr Alter 2500, 1800 bis 1480 und 615 Millionen Jahre, was mit den wenigen bisher aus dem Untersuchungsgebiet vorliegenden Messungen übereinstimmt.

In das untere Präkambrium wird der aus älteren Metamorphiten hervorgegangene Komplex von Chaillu (AMSTUTZ 1929) gestellt, der als stark erodierter Granitbatholith betrachtet wird, in dem verschiedene, von der Granitisation nicht erfaßte Metamorphite schwimmen, und der von basischen und ultrabasischen Intrusionen durchsetzt wird. Die graue Fazies des Granits ist granodioritisch, seine rote Fazies ist monzonitisch. Dolerite, Pyroxenite und Peridotite treten häufig auf. Deutlich prägen sich drei tektonische Richtungen aus. Im Norden und Nordosten des Massivs überwiegt die N—S-Richtung, der hier auch die Mineralorientierung folgt; im Zentrum und im Nordwestteil herrscht die N—W-Richtung und im Süden die N—E-Richtung. Als wirtschaftlich interessant werden Minerale der Elemente Au, Ta, Nb, Fe, Ni, Co, Cr, Mo sowie die Minerale Korund und Diamant erwähnt.

Im Süden und Westen des Chaillu-Massivs liegen ältere, gefaltete Formationen, die als Füllung der Geosynklinale des Westkongo in das obere Präkambrium gestellt werden. Ihre stratigraphischen Einheiten werden ausführlich dargestellt. Auf die Quarzitschiefer der Bikossi-Loémé-Serie folgt mit 5 bis 12 km breitem Ausstrich die lithofaziell recht inhomogene Loukoula-Serie. In der Mvouti-Serie liegt ein epizonal metamorphosierter Flysch vor. Die Blockgröße der Unteren Tillite nimmt von Nordwesten nach Südosten ab. Der rhythmisch sedimentierte Flysch der Louila-Serie zeigt kaum Faziesschwankungen. Die Bouenza-Serie bildet den Nordostrand der Formationen der westlichen Kongo-Geosynklinale. In den Oberen Tilliten sieht man Moränen glazialen und marinen Charakters. Die Kalkschiefer-Serie ist in Niari-Nyanga weit verbreitet. Die Mpioka-Serie ist ein monotoner Flysch, und den Abschluß der Geosynklinalfüllung bilden die grobkörnigen Sedimente der Inkissi-Serie mit Molassecharakter.

In den einzelnen Serien liegen saure und basische Intrusiva. Ausführlich wird der Vergleich der Formationen zu den Nachbargebieten Gabon, Gabinda, Kongo Kinshasa und Angola diskutiert. Mit großer Diskordanz liegen die jüngeren Sedimente ab Kreide dem gefalteten Untergrund auf.

Der Textteil der vorliegenden Arbeit, auf den der Verfasser im Titel besonders verweist, bildet mit der geologischen Karte eine geschlossene Einheit. Eine Vielfalt von Einzelheiten wurde unter Auswertung der Literatur (Kongo 289, Nachbargebiete 15 Titel) im Text zusammengestellt, der sich bei seiner übersichtlichen Gestaltung durch gute Lesbarkeit auszeichnet. Die geologische Karte 1:500000 vermittelt mit ihren drei Nebenkarten und der eingehenden Legende einen Überblick über die im Text behandelten Strukturen, die wichtigsten tektonischen Elemente und die Lagerstätten bzw. Mineralfundpunkte. Der Kartendruck ist gut gelungen. Die Arbeit gibt wertvolle Anregungen für Geologen, Tektoniker, Lagerstättenkundler und Morphologen. K. DETTE

WOLDSTEDT, P.

**Quartär**

**Handbuch der stratigraphischen Geologie, Band II**

Stuttgart: Ferdinand-Enke-Verlag 1969. 263 S., 77 Abb., 16 Tab. Ganzleinen DM 59,—

Die Zahl der Quartärforscher, die einen Überblick über die Stratigraphie des Quartärs aller Kontinente und neuerdings auch der Ozeanböden in einer handlichen Form von knapp 260 Seiten zu geben vermögen, ist gewiß nicht groß. WOLDSTEDT legt hier aber nicht eine Kurzfassung seines drei Bände umfassenden Werkes „Das Eiszeitalter" (1954, 1958, 1965) vor, sondern sichtet und wertet noch einmal die wesentlichsten Gliederungsversuche in den verschiedenen Regionen unter Berücksichtigung der neuen Literatur (bis ca. Anfang 1967). Ausgangspunkt ist das am eingehendsten untersuchte nordeuropäische Vereisungsgebiet. In der regionalen Darstellung folgen das sich südlich anschließende Periglazialgebiet, die Alpen, Mittelmeerländer, Tropen und Subtropen Afrikas, Ost- und Südasien sowie Neuseeland, Nord- und Südamerika, die Tiefseebildungen und die Antarktis. Aus jeder Region werden neben grundsätzlichen Fakten einige typische Vorkommen oder Schichtenfolgen beschrieben, die dem Verfasser am aussagekräftigsten erscheinen. Es schließen sich einige allgemeine Kapitel über die Bewegungen der Erdkruste und die Schwankungen des Meeresspiegels, die Entwicklung von Flora und Fauna, die Entwicklung des Menschen und seiner Kulturen, die Dauer des Quartärs sowie die Hypothesen über die Ursachen der Eiszeiten an. Neben den stratigraphischen Tabellen, den Profil- und Kartenskizzen werden — der Bedeutung der Palynologie für die Quartärstratigraphie entsprechend — mehrere wichtige Pollendiagramme abgebildet. Die umfangreichen Literaturhinweise sind den Sachkapiteln angeschlossen. Ein sieben Seiten umfassendes Orts- und Sachverzeichnis schließt das Buch, das in der vom Enke-Verlag bekannten guten Ausstattung erschien, ab.

WOLDSTEDT hat auch in diesem Werk versucht, die Fülle des bekannten Materials in seine stratigraphische Konzeption des Quartärs mit sechs Kaltzeiten, getrennt durch fünf Warmzeiten, einzupassen. Trotzdem werden die neuen, in den letzten Jahren diskutierten Probleme, wie die Aufgliederung der Holstein- und der Cromer-Warmzeit, der „vorcromerische" Eisvorstoß im nordeuropäischen Vereisungsgebiet und anderes, behandelt. Nicht immer werden aber die noch offenen Probleme als solche eindeutig herausgestellt. So kann man der Argumentation für ein „Großinterstadial" Drenthe/Warthe in der Saale-Eiszeit kaum folgen. Die Stratigraphie des alpinen Vereisungsgebietes wird wegen der bestehenden Unklarheiten mit Recht sehr kurz gehalten, trotzdem erfolgt aber ohne nähere Begründung eine Korrelation des alpinen und des nordeuropäischen Schemas in der bekannten Weise: Riß = Saale, Mindel = Elster usf. Bei der Holstein-Gliederung kommt nicht zum Ausdruck, daß das palynologisch definierte Holstein s. str. in der DDR =

„Holstein I", in der ČSSR aber = „Holstein II" gesetzt wird. Bei der Behandlung der Rocky Mountains wird — mit Recht — Kritik an der stratigraphischen Interpretation insbesondere der Bull-Lake-Glaciation geübt. Auf die Problematik der „early Wisconsin"-Eisvorstöße im Vereisungsgebiet südlich der Großen Seen wird dagegen nicht eingegangen, obwohl sie von grundsätzlicher Bedeutung ist.

Zukünftige Forschungsarbeiten werden diese Kenntnislücken sicher schließen. Wer sich heute rasch und weltweit über den Stand der Stratigraphie des jüngsten Abschnittes der Erdgeschichte informieren will, dem sei dieses Buch empfohlen. A. G. Cepek

Werbicki, P. G.

**Grundlagen der Kristalloptik und Methoden der Mineraluntersuchung unter dem Mikroskop**

Kiew: Isdatelstwo Kiewskogo Universiteta 1967. 177 S.

Im vorliegenden Handbuch für die Mikroskopie werden in einfacher und für Mikroskopie-Anfänger verständlicher Sprache die wichtigsten Grundlagen der Kristalloptik beschrieben. Weiterhin sind die hauptsächlichen Methoden der mikroskopischen Mineralbestimmung, wie die Bestimmung der optischen Konstanten, u. a. auch die Immersionsmethode, die in der DDR zwar nicht unbekannt ist, aber in der Praxis bisher wenig Anwendung gefunden hat, ausführlich und in einer folgerichtigen Reihenfolge beschrieben. Außerdem werden ausführlich die verschiedenen Methoden der quantitativen Mineralbestimmung erläutert. Eine kurze Einführung in die Erzmikroskopie wird ebenfalls gegeben. Die umfassende Einführung in den Bau und in die Handhabung der sowjetischen Mikroskopie hat in der DDR im wesentlichen nur für Spezialisten Bedeutung, zumal diese Mikroskope nur sehr vereinzelt bei uns zu finden sind.

Das in der DDR erschienene Werk von Kleber „Einführung in die Kristallographie" (Verlag Technik 1965, 8. Aufl.) bezieht sich vorwiegend auf die theoretische Seite der Kristalloptik, allerdings enthält es auch eine kurze methodische Anleitung. Das sehr gut und knapp geschriebene Buch von Beljankin und Petrow „Kristalloptik" (Verlag Technik 1964) ist gegenwärtig vergriffen.

Allgemein kann festgestellt werden, daß sich das vorliegende Lehrbuch durch seine Kürze und seine verbindliche Sprache auszeichnet. Es ist eine echte Bereicherung für die auf den obengenannten Gebieten tätigen Fachkollegen.
A. Lächelt

Gilicz, B.

**Eine Bewertung mit dem Fann-Viskosimeter bestimmter rheologischer Eigenschaften in der Bohrlochhydraulik**

„Köolaj es Földgáz", Budapest 2 (102), Teil I, H. 10 (1969), S. 298—306; Teil II, H. 11 (1969), S. 321—335, 18 Abb., 8 Tab.

Der Verf. behandelt die Bedeutung der rheologischen Eigenschaften von Bohrspülungen und Zementschlämme für ein ausgeglichenes Bohrloch. Die Messungen mit dem Fann-Viskosimeter werden einer Analyse unterzogen. Verglichen wird das Bingham-Buckinghamsche Flüssigkeitsmodell mit den Fließkurven, die nach den Ostwaldschen Exponentialgleichungen bestimmt wurden. Ausführlich wird gezeigt, wie der Exponent $n$ und der Konsistenzindex $K$ aus den Fann-Viskosimetermessungen berechnet werden kann. Die Koeffizienten der Parabel $n$-ten Grades werden auf die für die Binghamsche Gerade charakteristische plastische Viskosität $n$ und auf die Binghamsche Fließgrenze $\vartheta_B$ zurückgeführt, damit die aus den Angaben des Viskosimeters kalkulierten Koeffizienten $n$ und $K$ mit den auch in der Praxis gebräuchlichen Meßeinheiten ausgedrückt werden können. Auf Grund der abgeleiteten Gleichungen werden Nomogramme zur schnellen Ermittlung des Koeffizienten $n$ und des Konsistenzindexes $K$ gegeben. Die Berechnungsmethoden zur Bestimmung der Schubspannungen werden untersucht und auf die Oberfläche des auf die Torsionsfeder gehängten inneren Zylinders des Viskosimeters bezogen.

An Hand von praktischen Beispielen werden die Fließeigenschaften der ungarischen Bohrspülungen und Zementschlämme analysiert, sie werden mit Daten der Fachliteratur verglichen. B. Heyne

Gorodnow, W. D.

**Die Anwendung einer thermo- und salzstabilen niedrigsilikathaltigen Tonspülung beim Bohren in den Sulfatablagerungen der Bohrung CG-1-Aral-Sor**

„Burenije", Moskau (1969), 7, S. 18—20

Der Verf. behandelt die Teufe von 6001 m bis 6806 m in der Bohrung Aral-Sor. In vorhergehenden Veröffentlichungen wurden bereits einzelne Abschnitte beschrieben. Nach Angabe der bohrtechnischen Parameter wird die eingesetzte silikathaltige Bohrspülung erläutert. Es wurden Kalziumsulfatablagerungen mit einer errechneten Mächtigkeit von 100 m angetroffen, die zu erheblichen Schwierigkeiten durch die Verringerung der Thermostabilität führten. Mit 10%iger Bariumchloridlösung (0,45% in je vier Abschnitten von 60—75 m) wurde das Kalziumsulfat im Bereich von 6132 bis 6401 m ausgefällt. Weiterhin erfolgte ein 0,35—0,45%iger Zusatz des neuen CMC 600 jeden 5. bis 7. Tag. Der ph-Wert lag bei 8,5—9,5. Die umlaufende Spülung von 300 m³ enthielt 9,6% NaCl im Filtrat. Die errechnete Sohlentemperatur betrug 175 °C. Insgesamt wurden in diesem Abschnitt 22 t Bariumchlorid verbraucht. Ab 6733 m wurden zur Aufrechterhaltung der Spülungsparameter nach jedem Meißelmarsch CMC, Natriumsilikat und Bariumchlorid zugesetzt.
B. Heyne

**BHC-Viskosimeter testet Bohrspülungen bis 340 °C**

„Erdöl-Erdgas-Zeitschrift", Hannover, Jg. 85 (1969), S. 479—481

Mit dem Bottom-Hole Conditions (BHC) Viskosimeter kann die Viskosität von Bohrspülungen bis 340 °C und 1400 atü Druck gemessen werden. Die Schubspannungen werden im Bereich von 7—840 dyn/cm² aufgenommen. Es handelt sich um eine Kombination von Autoklav (200 ml) und Haake Rotovisko. Die Viskosität wird durch die Verdrehung eines Zylinders über einem elektrischen Torsionsdynamometer ermittelt.

Anhand von Spülungsmessungen wird in dem BHC-Viskosimeter nachgewiesen, daß Spülungsbehandlungen erforderlich sind, um akzeptable Viskositäten in wasserbasischen und Ölemulsionsspülungen bei hohen Temperaturen aufrechtzuerhalten. Neun Abbildungen veranschaulichen die Anwendungsmöglichkeiten des Gerätes. B. Heyne

Childs, E. C.

**An Introduction to the Physical Basis of Soil Water Phenomena**

London, New York, Sydney, Toronto: John Wiley and Sons Ltd. 1969. 493 S., zahlr. Abb., sh 120

Die Wechselwirkung zwischen dem Boden und dem Porenwasser wurde bisher lediglich in wenigen Kapiteln in den entsprechenden Lehrbüchern der verschiedensten sich mit Bodenproblemen befassenden Wissenszweige behandelt. So konnten jene Ausführungen dem modernen Erkenntnisstand nicht mehr gerecht werden. Diese Lücke füllt das vorliegende Werk. Seine Einordnung in die Buchreihe „Interscience Publication" des Verlages läßt bereits erkennen, daß es sich an die Fachleute verschiedenster Bodendisziplinen, also z. B. an Geologen, Bodenmechaniker, Bodenkundler, Mikrobiologen, Geographen usw., wendet. Zu den wichtigsten Bodenproblemen gehören die physikalischen Bodeneigenschaften, die von den Wechselbeziehungen zwischen der Festmasse und der Porenflüssigkeit abhängen. Deren Bestimmung erfordert somit physikalische Kenntnisse, und zwar auf sehr weit entwickelten und komplizierten Gebieten der Physik.

Die Schwierigkeit, die nun daraus resultiert, daß entsprechend ihrer Ausbildung und persönlichen Neigung Physiker und Ingenieure mit mathematisch-physikalischen Lösungsmethoden vertraut sind, während Biologen und Bodenkundler beschreibende Näherungslösungen anwenden, löst der Verfasser durch einen systematischen Aufbau. So setzen die ersten drei Kapitel keinerlei besondere Kenntnisse in Mathematik und Physik voraus. Sie behandeln die allgemeine Struktur von Stoffen und im speziellen die Strukturen einiger Minerale und des Wassers. In logischer Folge wird in den weiteren Kapiteln bis zum modernsten Erkenntnisstand fortgeschritten. Die hierin unumgänglichen mathematischen Ableitungen erscheinen in besonders markierten Abschnitten, um die Kontinuität der Darlegungen nicht zu stören. Die wesentlichen Ergebnisse und Schlußfolgerungen dieser Ableitungen werden deshalb erst im darauffolgenden Text angeführt. Diese Form ermöglicht auch dem mathematisch zunächst Ungeübten eine Information über das gesamte Stoffgebiet.

In den folgenden Kapiteln werden das Gleichgewicht von im Wasser suspendierten Bodenteilchen, Sedimentationsvorgänge u. Kornverteilungsanalysen sowie der Porenraum behandelt. Dem wichtigen Gebiet der Messung des Porenwasserdruckes und des Saugvermögens ist ein eigenes Kapitel gewidmet. Ein umfangreiches Kapitel über das hydrostatische Gleichgewicht des Bodenwassers leitet über zu dem zweiten Teil des Buches, der sich mit der Bewegung des Wassers im Boden befaßt. Vorangestellt wird ein Kapitel über die Gesetze der Wasserbewegung sowie ein weiteres über die Wasserdurchlässigkeit des Bodens sowie ihre Einflußfaktoren, wie Porengröße und Porenzahl, Struktur infolge einer Inhomogenität, Wassergehalt usw. Diese Erkenntnisse finden ihren Niederschlag im nächsten Kapitel, in dem auch einige besonders gekennzeichnete Abschnitte eingehendere mathematische Ableitungen enthalten, wie z. B. Transformation des Druckgradienten in den Feuchtigkeitsgradienten bei einem ungesättigten Material, die Ableitung der Kontinuitätsgleichung sowie die Transformation der anisotropen in die isotrope hydraulische Leitfähigkeit. Das folgende, wiederum mehr praktische Kapitel formuliert Strömungsgleichungen für komplizierte Verhältnisse sowie deren Lösungen für diese Randbedingungen. Darauf folgen zwei Kapitel über die Oberflächeninfiltration und die Grundwasserströmung. Anschließend werden Näherungslösungen, wie die numerische Lösung der LAPLACEschen Gleichung durch sukzessive Approximation, das Analogverfahren sowie die DUPUIT-FORCHHEIMERsche Approximation, behandelt. Kapitel 17 geht auf dreidimensionale Entwässerungs- und Strömungsnetze ein, dem Ausführungen über die instationäre Grundwasserströmung folgen. Den Abschluß bildet ein Kapitel über die Messung der Wasserdurchlässigkeit im Labor und im Felde.

Das hohe Niveau dieses Buches, das die Boden-Wasser-Beziehungen unter dem Aspekt der Anwendung in verschiedensten Wissenschaftsdisziplinen darlegt, wurde u. a. durch einen regen Erfahrungsaustausch des Autors mit namhaften Wissenschaftlern ermöglicht. G. SCHWOKOWSKI

**Beiträge zur Ingenieurgeologie**
**Ein Symposium**

Krefeld: Geologisches Landesamt Nordrhein-Westfalen 1968. Fortschr. Geol. Rheinland u. Westfalen. Band 15, X, 518 S., 23 Taf., 47 Abb., 48 Tab., DM 50,—

Bei der Lösung praktischer Bauaufgaben, wie z. B. bei Gründungen von Bauwerken in Auslaugungsgebieten, der Anlage von Speichern, der Sicherung von Fels- und Tieftagebauböschungen usw., zeigt sich meist, daß dem Bauingenieur ausreichende Kenntnisse fehlen, um den Einfluß der geologischen Verhältnisse voll einschätzen zu können. Andererseits vermag der Geologe nicht die erforderlichen erdstatischen Nachweise für die Dimensionierung und Standsicherheit der Bauwerke zu führen, da er gewöhnlich keine Vorlesungen über Statik und Festigkeitslehre hört und die Praxis ihm später keine Zeit für die Aneignung des erforderlichen Wissens in diesen Disziplinen läßt. Der häufig beschrittene Weg, daß Geologen und Hydrologen voneinander unabhängige Gutachten zu den speziellen Fragen eines Bauvorhabens abgeben, die dann in den Berechnungen des Baugrundfachmanns mehr oder weniger gut berücksichtigt werden, ist aus qualitativen und ökonomischen Gründen sicher nicht die Idealmethode, zumal Geologen, Hydrologen und Bodenmechaniker verschiedenen Institutionen angehören. Schwierige Bauvorhaben erfordern aber heute eine intensive Zusammenarbeit aller drei Wissenschaftszweige, zu denen häufig noch weitere Fachleute, wie z. B. der Mineraloge, Physiker, Biologe usw., hinzugezogen werden müssen. Dieser Notwendigkeit trug das Geologische Landesamt Nordrhein-Westfalen durch die Einrichtung einer ingenieurgeologischen Abteilung Rechnung, in der Geologen und Ingenieure bedeutsame Aufgaben gemeinsam lösen, wozu ihnen entsprechende Laboratorien zur Verfügung stehen. Neben dem speziellen Wissen, das die 16 Beiträge der vorliegenden Publikationen vermitteln, kann dieses Buch als eine Art Rechenschaftsbericht angesehen werden, an dem man den Erfolg gemeinsamen Wirkens auf den Gebieten Grundlagen, praktische Beratung und Schlußfolgerungen bezüglich der Wechselwirkung von Baugrund und Bauwerk messen kann.

Im ersten Teil mit dem Titel „Experiment—Beobachtung—Theorie" berichten STRASSER und WOLTERS über die Ergebnisse von Triaxialversuchen an 1200 Proben von Sedimentgesteinen. Weitere spezielle Untersuchungen erstreckten sich auf die Einflußfaktoren Belastungszeit, Temperatur, Flüssigkeit im Porenraum und Belastungszyklen. Die umfangreichen Untersuchungen blieben ausschließlich auf Sand- und Tonsteine des Karbons beschränkt, da gerade diese in Nordrhein-Westfalen außer für den Bergbau auch noch für den Felsbau und die Erdölindustrie von großem Interesse sind. KÜHN-VELTENS Arbeit befaßt sich mit der Wechselbeziehung zwischen dem Gefüge und der Verdichtung von Sanden unter besonderer Berücksichtigung von Kornverteilung und Mineralbestand. Beziehungen zwischen der Korngrößenzusammensetzung und bodenmechanischen Kennwerten von Deckgebirgsschichten am Niederrhein gibt KALTERHERBERG an. Besondere Berücksichtigung erfährt dabei die Vorbelastung. NEUBER liefert einen wertvollen Beitrag zur statistischen Mechanik der Locker- und Festgesteine. Aufbauend auf einer statischen Untersuchung der Geometrie eines Haufwerks aus gedrungenen, abgerundeten Körpern erfolgt eine Zusammenfassung der statisch homogen verteilten Einzelkräfte und Relativgeschwindigkeiten zwischen sich berührenden Körnern zu den in der Kontinuumsmechanik benutzten Dyaden für Spannung und Relativgeschwindigkeit. Weitere Untersuchungen erstrecken sich auf Gesteine, die durch Scharen ebener paralleler Klüfte zerlegt sind.

Der zweite Teil steht unter dem Thema „Rechenverfahren—Anwendung". NEUBER unterzieht die Standsicherheitsuntersuchung hoher Böschungen nach der Streifenmethode einer kritischen Prüfung. Durch einen Vergleich mit Vorgängen im Böschungsbereich kommt er zu dem Ergebnis, daß wesentliche Gesichtspunkte mit der Streifenmethode nicht oder nur falsch berücksichtigt werden können. Ihre Verwendung ist höchstens für Überschlagsrechnungen oder Vergleiche verschiedener Böschungen untereinander gerechtfertigt. DÜRO teilt anschließend Erfahrungen mit, die bei der Berechnung der Standsicherheit hoher Böschungen nach im Geologischen Landesamt Nordrhein-Westfalen entwickelten Formeln bei Einsatz von Elektronenrechnern gesammelt wurden.

Der dritte Teil enthält Beiträge zum Problemenkreis „Natur—Bauwerk". KALTENHERBERG berichtet über die geologisch-bodenmechanischen Verhältnisse, die in vier Gefrierschächten angetroffen wurden, die Schichten des Pleistozäns, des Tertiärs, der Oberkreide, des Buntsandsteins und des Zechsteins durchteuften. Beobachtet wurden weiterhin die Gebirgsveränderungen während des Abteufens in Abhängigkeit von der geologischen Schichtenfolge und der Frostintensität. An Hand von zwei Beispielen aus der Praxis weisen KÜHN-VELTEN und WOLTERS nach, daß Auswirkungen extremer Witterungsverhältnisse auch in unserem Klima bei der Baugrundbeurteilung berücksichtigt werden müssen. Heiße und niederschlagsarme Witterungsperioden können sich schädlich auf Bauwerke auswirken, wenn die möglichen Einflüsse bei der Projektierung nicht beachtet werden. Ebenso muß der Frostsicherheit mehr Aufmerksamkeit gewidmet werden. Bei Geländeuntersuchungen an zahlreichen Rutschungen von gewachsenen Böschungen und Kippen des Rheinischen Braunkohlenreviers konnte DOLEZALEK wertvolle Unterlagen zusammentragen, deren systematische Sichtung Rückschlüsse auf den Bruchvorgang zuläßt. Erfahrungen hinsichtlich der Einschätzung der Standsicherheit künstlich angelegter Felsböschungen im Rheinischen Schiefergebirge teilt REINHARDT mit. Kriterien sind das Trennflächengefüge, der petrographische Aufbau der Gesteine, die klimatischen Verhältnisse sowie die geotechnische Behandlung des Gebirges. Am Beispiel eines Straßenabschnitts zeigen EBENSBERGER und WIEGEL, daß die Aufnahme und Bewertung des Gebirgskörpers in allen erreichbaren Aufschlüssen eine notwendige Voraussetzung bilden, um eine

Aussage über die zu erwartenden Bewegungen in Felsböschungen sowie wirksame Sicherungsmaßnahmen treffen zu können. Gebirgsbefund, Gefährdungsgrad und Sicherungsmaßnahmen lassen sich für einen größeren Bereich in Karten anschaulich wiedergeben. Mit der ingenieurgeologischen Untersuchung von natürlichen und künstlichen Felsböschungen befaßt sich auch die Arbeit von HÖPFNER. Auf Grund einer geologischen Detailaufnahme kommen LUSZNAT und WIEGEL zu dem Ergebnis, daß die Felsbewegungen am Giller in starkem Maße von dem im Gebirge vorhandenen Flächengefüge beeinflußt werden. Die Kluft- und Schieferflächen bestimmen die Abrißspalten der Rutschmassen, die einfallenden Schichtflächen die Gleitflächen. Über die Böschungsrutschungen bei der Freilegung des Braunhäuser Tunnels berichtet FINKENWIRTH. Die Rutschungen an dem maximal 38 m tiefen Einschnitt hatten ihre Ursache z. T. in dem inhomogenen Aufbau der Schichtenfolge und den vorgegebenen geologischen Strukturen. Eine besondere Rolle spielt die Erdfall-„Tektonik", die auf die Auslaugung gipsführender Gesteine des Zechsteins im Untergrund zurückzuführen ist. Hinzu kam die Durchfeuchtung des Gebirges sowie der sich wegen des schnellen Fortschritts der Einschnittarbeiten nicht rasch genug abbauende Kluftwasserdruck. Eine Abflachung der Böschung auf 1:4 brachte eine vorübergehende Beruhigung. Die nach einer längeren Niederschlagsperiode erneut auftretenden Risse werden auf eine mangelhafte Entwässerung zurückgeführt. WIEGEL führt aus, daß im Gegensatz zu alpinen Stollen und Tunneln bei den verhältnismäßig flach unter Gelände liegenden Wasserüberleitungsstollen besonders die oberflächennahen Einflüsse beachtet werden müssen. Bedeutender als die Schichtenfolge und Gesteinsart ist die Kenntnis der Tektonik, der Gebirgsauflockerung, der Verwitterung und Wasserführung des Gebirges für die Herstellung von Felshohlbauten. G. SCHWOKOWSKI

**Eine neue Publikationsreihe für den Schieferbergbau**

„Schiefer-Informationen", Unterloquitz, Jg. 2 (1969), 2/3, S. 1–62

Seit 1968 veröffentlicht die Betriebssektion der Kammer der Technik im VEB Vereinigte Thüringische Schiefergruben, Sitz Unterloquitz, Kreis Saalfeld, vierteljährlich ein Heft mit zwei Druckbogen (A 4), das praktisch über alle Probleme unterrichtet, die mit dem Schieferbergbau Thüringens und seinen Erzeugnissen zusammenhängen.

Die obengenannte Doppelnummer ist dem zwanzigsten Jahrestag unserer Republik gewidmet und behandelt u. a. folgende Themen: Betrachtungen zur Historie, A. v. HUMBOLDTs Befahrung der Schieferbrüche des Lehestener Reviers im Jahre 1792, Überblick über die zur Dachschiefergewinnung genutzten Schieferhorizonte und deren Abbaugebiete, Möglichkeiten zur Rohmaterialgewinnung für Schleifereierzeugnisse und Brechprodukte, Beispiele überbetrieblicher Zusammenarbeit, Neuerer-Informationen, die neuaufgenommene Produktion prismatischer Agglomeratkörper, konzentrierter Einsatz der Abraumtechnik, rationelle Dachschieferfertigung mit neuentwickelter Trennschleifmaschine, Entwicklungstendenzen der Mechanisierung im Dachschieferbergbau, Verwertung von Anfallmaterial, zur Größenordnung der bei der Dachschieferproduktion anfallenden Mengen von Schieferabfall, internationaler Überblick über den Schieferbergbau.

Was sich in diesen reich bebilderten und gut ausgestatteten „Schiefer-Informationen" widerspiegelt, sind aber mehr als nüchterne Berichte über den sich trotz mancher Schwierigkeiten rasch entwickelnden thüringischen Schieferbergbau. Hier kommt die mit Unterstützung von Partei und Regierung binnen zwei Jahrzehnten erfolgte Umwandlung einer ganz rückständigen Industrie zu einem hochmechanisierten, für die moderne Bauindustrie nicht fortzudenkenden Produktionszweig zum Ausdruck.

Vor 1945 bestand der Schieferbergbau aus einem halben Dutzend Familienunternehmen und einem staatlichen Betrieb. Das Großkapital war unbeteiligt, ihm bot sich kein Anreiz. Dementsprechend waren die kleinen Unternehmungen nicht krisenfest, und in Zeiten wirtschaftlicher Depression suchten sie sich durch Raubbau in den Lagerstätten und Preisschleudereien auf Kosten der Arbeiter über Wasser zu halten. Die Grubenbetriebe unterstanden zwar seit jeher bergamtlicher Aufsicht, aber die Arbeiter waren nicht Mitglied von Knappschaftsverbänden und in sehr niedriger sozialer Position. Wissenschaftliche Analysen der Lagerstätten und der Produktionsmöglichkeiten waren unbekannt. Außer der schon seit dem Mittelalter nachweisbaren Erzeugung von Dachschiefer blieb die Verwertung der geradezu erdrückenden Menge von Abfällen fast unberücksichtigt.

Das alles ist heute Vergangenheit. Von einseitiger Produktion ist nicht mehr die Rede, obwohl der Dachschiefer weiterhin eine hervorragende Rolle spielt. Die Lagerstätten sind weitgehend untersucht, und über ihren Bau bestehen klare Vorstellungen. Der Lagerstättenschutz, früher ein unbekannter Begriff, wird jetzt verwirklicht. „Abfälle" im alten Sinne gibt es nur noch bedingt, und die Ausnutzung des Rohstoffes hat gegenwärtig einen bislang unbekannten Grad erreicht. Der Bauindustrie werden u. a. Blähtonschiefer, Schiefermehl und -splitt sowie Bau- und Dekorationsteile für die Innen- und Außenarchitektur angeboten. Doch ist die Nachfrage immer noch größer als das Produktionsvolumen. Auf die Beseitigung dieser Diskrepanz sind alle Anstrengungen der Schieferindustrie gerichtet.

Man darf auch weiterhin von den „Schiefer-Informationen" Aufschluß über die Fortschritte in der Auswertung der Dachschieferlagerstätten erwarten, von denen sich in den vergangenen Jahren erfreulicherweise noch größere Vorräte nachweisen ließen. H. PFEIFFER

**Wasserwirtschafts-ABC**
**Handbuch und Bezugsquellennachweis für die gesamte Wasserwirtschaft und das Bauwesen**

4. neubearbeitete Aufl.
Hamburg: Verl. Wasser und Boden, Axel Lindow u. Co. 1969. Hrsg. Bund Wasser- u. Kulturbauing. 446 S., 11,5 × 17 cm, Plastikeinband, DM 30,—

Nach vollständiger Überarbeitung wurde dieses Nachschlagewerk auf den neuesten Stand gebracht. Damit kann es seiner Funktion als zuverlässige Informationsquelle für alle an wasserwirtschaftlichen Problemen Interessierten für einen begrenzten Zeitraum wieder gerecht werden. Von den wissenschaftlichen Instituten, Laboratorien, Universitäten, Hoch- und Ingenieurschulen Westdeutschlands werden neben den Anschriften auch in knapper Form ihre Aufgabengebiete genannt. Sie umfassen Arbeitsgebiete wie Wasserwirtschaft, Hydrologie, Hydrographie, Meteorologie, Geologie, Bodenuntersuchung, Hygiene, Limnologie sowie Land- und Forstwirtschaft. Daran schließen sich Angaben über internationale und supranationale Institutionen für die vorher genannten Wissenszweige an, denen Informationen über die nationalen Einrichtungen in Europa und Amerika folgen. Neben den Fachdokumentationen sind die Fachzeitschriften des Fachgebietes Wasserwirtschaft sowie der Nachbargebiete des In- und Auslandes zusammengestellt. Für wissenschaftliche Institutionen sowie für Informations- und Dokumentationsstellen ist es ein gutes Nachschlagewerk.

G. SCHWOKOWSKI

## Neuerscheinungen und Literaturhinweise

ALLUM, J. A. E.

Photogeology and regional mapping
London (usw.): Verlag Pergamon Press 1966. 107 S., 24 Abb., 1 S. Lit.

Besonderheiten der Verteilung seltener Elemente in Pegmatiten
Moskau: Verlag Nauka 1969. 226 S., getr. Abb., Tab., Lit.

Clays and clay minerals
Oxford (usw.): Verlag Pergamon Press 1966. 447 S., getr. Abb., Tab., Lit.

DYBKOW, W. F.

Lehrgang über die Lagerstätte nichtmetallischer nutzbarer Bodenschätze
Moskau: Verlag Nedra 1969. 471 S., 96 Abb., 28 Tab., 367 Lit.

Zeitschrift für angewandte Geologie, Bd. 16 (1970), Heft 6



GOETZKE, H.

Netzplantechnik. Theorie und Praxis
**Leipzig: Fachbuchverlag 1969. 260 S., 143 Abb., 77 Tab., 46 Lit.**

GRIGORJAN, A. M.

Das Anbohren der Ölträger mit Hilfe von mehrsohligen und horizontalen Bohrungen
**Moskau: Verlag Nedra 1969. 189 S., 80 Abb., 18 Tab., 28 Lit.**

KALININ, S. K., & E. E. FAJN

Emissionsspektralanalyse mineralischer Rohstoffe
**Moskau: Verlag Nedra 1969. 247 S., 194 Abb., 131 Tab., 347 Lit.**

KAEMMERER, W.

Digitale Automaten. Theorie — Struktur — Technik — Programmieren
**Berlin: Akademie-Verlag 1969. 482 S., getr. Abb., Taf., 83 Lit.**

KURASCHOW, W. A., & I. SCH. IOFFE

Aufgabensammlung über die technische Normung der erdöl-erdgas-fördernden Industrie
**Moskau: Verlag Nedra 1969. 175 S., 12 Abb., 63 Tab., 38 Lit.**

LONCICH, S. W.

Die Spektralanalyse beim Aufsuchen von Erzlagerstätten
**Leningrad: Verlag Nedra 1969. 293 S., 76 Abb., 68 Tab., 284 Lit.**

Mathematische Geologie — Systematisches Literaturverzeichnis
**Leningrad: Verlag Bibliot. AN SSSR 1969. 245 S.**

MIYAKE, Y.

Elemente der Geochemie
**Leningrad: Verlag Nedra 1969. 326 S., getr. Abb., Tab., Lit.**

Neue Daten über die Geologie der Erzbezirke im Osten der UdSSR
**Moskau: Verlag Nauka 1969. 299 S., getr. Abb., Tab., Lit.**

Operations research and computer applications in the mineral industries (The seventh International Symposium)
**Golden: Colorado School of Mines, 1969. 393 S., getr. Abb., Tab., Lit. (Quarterly of the Colorado School of Mines, Vol. 64, Nr. 3)**

PACHALKOW, W. D.

Die Statistik der geologischen Erkundungsarbeit
**Moskau: Verlag Nedra 1969. 294 S., 6 Abb., 67 Tab., 84 Lit.**

PRONIN, A.

Der kaledonische Zyklus der tektonischen Erdgeschichte
**Leningrad: Verlag Nauka 1969, 231 S., 3 Kt., 980 Lit.**

Physics and chemistry of the earth, Volume IV
**London (usw.): Verlag Pergamon Press 1961. 317 S., getr. Abb., Tab., Lit.**

SATTAROW, M. M.

Die Projektierung des Abbaus großer Erdöllagerstätten
**Moskau: Verlag Nedra 1969. 236 S., 87 Abb., 53 Tab., 86 Lit.**

Theoretische Probleme der vulkanoplutonischen Formationen und ihrer Erzführung
**Moskau: Verlag Nauka 1969. 238 S., getr. Abb., Tab., Lit.**

WOWK, A. A., u. a.

Die Grundlagen der Baugrunddynamik und ihre praktische Anwendung
**Kiew: Verlag Naukowa Dumka 1968. 201 S., 83 Abb., 26 Tab., 119 Lit.**

Saline deposits
(A symposium based on papers from the International Conference on saline deposits, Houston, Texas, 1962)
**New York: 1968. Geol. Soc. A., 701 S.**

Die Erzführung des Präkambriums der Kursker Magnetanomalie
**Moskau: Verl. Nauka 1969. 150 S.**

BASTUNSKI, M. A., u. a.

Theoretische Berechnungsgrundlagen der automatischen Regelungssysteme von Kohlenaufbereitungsprozessen in schweren Suspensionen
**Moskau: Verl. Nedra 1969. 112 S.**

ERICH, W. N.

Die Erdöl- und Erdgaschemie
**Leningrad: Verl. Chimija 1969. 280 S., 13 Abb., 39 Tab.**

FLECHTNER, H.-J.

Grundbegriffe der Kybernetik
Bücher Z. Naturwiss. Rdsch.
**Stuttgart: Verlagsges. GmbH 1969. 423 S., 152 Abb.**

# Informationen

### RGW-Kommission für Erdöl- und Erdgasindustrie beriet in Berlin

Vom 24. bis 27. Februar 1970 fand in Berlin, Hauptstadt der DDR, die 31. Tagung der Ständigen RGW-Kommission für Erdöl- und Erdgasindustrie statt. An der Tagung nahmen Delegationen der VR Bulgarien, der ČSSR, der DDR, der VR Polen, der SR Rumänien, der UdSSR und der Ungarischen Volksrepublik teil.

Entsprechend dem Abkommen zwischen dem RGW und der Regierung Jugoslawiens über die Teilnahme an der Arbeit der Organe des Rates wohnte der Tagung der Ständigen RGW-Kommission für Erdöl- und Gasindustrie eine Delegation der SFRJ bei.

Die Kommission legte die Fragen der Zusammenarbeit fest, die für die RGW-Länder und die SFRJ auf dem Gebiet der Erdöl- und Gasindustrie für 1970 von gemeinsamem Interesse sind. Sie beriet ferner über die Ausarbeitung von Prognosen und konkreten Vorschlägen für die Entwicklung der Zusammenarbeit der interessierten RGW-Länder zur Deckung ihres Bedarfs an Erdöl, Erdgas und Erdölprodukten sowie über vorläufige Erwägungen der RGW-Länder bezüglich der geplanten Entwicklung ihrer Erdöl- und Erdgasindustrie und über die Zusammenarbeit in der Zeit von 1971 bis 1975.

### Sitzung der Ständigen RGW-Kommission für Geologie

Ende Februar dieses Jahres fand eine Sitzung der Ständigen RGW-Kommission für Geologie in Moskau statt. An ihr beteiligten sich Delegationen der Mitgliedländer des Rates — der VR Bulgarien, der ČSSR, der DDR, der MVR, der VR Polen, der SR Rumänien, der Sowjetunion und der Ungarischen Volksrepublik — sowie der Stellvertreter des Sekretärs und Mitarbeiter des Rates.

Im Zusammenhang mit der Feier des 100. Geburtstags W. I. LENINs nahm die Kommission einen Bericht des Ministers für Geologie der UdSSR, Akademiemitglied A. W. SIDORENKO, „W. I. LENIN über die Entwicklung der Mineral- und Rohstoffbasis", entgegen. Alle Teilnehmer an der Sitzung hoben einmütig die außerordentliche Rolle LENINs bei der Schaffung der Mineral- und Rohstoffbasis des ersten sozialistischen Staates der Welt und die schöpferische Verwirklichung seiner Ideen in den anderen RGW-Ländern hervor.

Die Kommission beriet die Aufgaben, die sich aus den Beschlüssen der 43. und 44. Sitzung des Exekutivkomitees des Rates ergeben, und faßte entsprechende Beschlüsse.

Die Kommission erörterte die Frage der Deckung des Bedarfs der Volkswirtschaft der RGW-Länder an Vorräten mineralischer Rohstoffe für eine lange Perspektive und billigte die Schlußfolgerungen und Vorschläge zur Vertiefung der Zusammenarbeit der RGW-Länder bei der Lösung dieses Problems.

Die Sitzung der Kommission verlief im Geiste völligen gegenseitigen Einvernehmens.

#### RGW-Kommission für Energiewesen tagte

Die Perspektiven der Zusammenarbeit der RGW-Länder bei der Befriedigung ihres Bedarfs an Elektroenergie bis 1980 waren das Thema einer Tagung der Ständigen RGW-Kommission für Energiewesen, die Anfang März dieses Jahres in Moskau stattfand. An der Tagung nahmen Vertreter der VR Bulgarien, der ČSSR, der DDR, der VR Polen, der SR Rumänien, der Sowjetunion und der Ungarischen VR sowie der SFR Jugoslawien teil. Die Kommission informierte sich über die Wasserkraftressourcen der RGW-Mitgliedsländer und Jugoslawiens sowie über die Pläne ihrer Nutzung. Ferner wurden verbesserte Formen und Methoden der wissenschaftlichen Zusammenarbeit erörtert.

#### Internationales Programm für Forschungen im Tienschan

Im Gebiet des Tienschangebirges reichen die Brüche der Erdkruste bis zu einer Teufe von 60 km und erreichen damit die MOHOROVIČIĆ-Schicht. In einzelnen Fällen dringen sie sogar in den oberen Mantel der Erde ein. Kirgisische Forscher, die dieses Bergland entsprechend einem internationalen Programm untersuchen, haben Karten über diese Brüche zusammengestellt, die zum Teil nicht bis an die Erdoberfläche reichen.

In der Kirgisischen Akademie der Wissenschaften berichtete Akademiemitglied MUSSA ADYSCHEW, daß die oberen 15—20 km der Erdrinde im Tienschan in relativ kleine Teile von einem bis zu Dutzenden Quadratkilometern zerfallen, während die tieferen Stockwerke aus Blöcken bestehen, die sich über hunderte Quadratkilometer erstrecken.

#### Sowjetisches Erdgas gegen westdeutsche Rohrlieferungen

Sowjetische Außenhandelsunternehmen und westdeutsche Firmen haben in Essen einen langfristigen Vertrag über die Lieferung von sowjetischem Erdgas und den Kauf von Rohren für die sowjetische Gasindustrie abgeschlossen. Wie TASS berichtet, wird die Sowjetunion im Verlauf von 20 Jahren, beginnend 1973, über 52 Mrd. $m^3$ Erdgas liefern, Westdeutschland in der Zeit von 1970 bis 1972 u. a. 1,2 Mill. t Großröhren, die 2400 km Gesamtlänge und 1,42 m Durchmesser haben. Der Vertrag sieht die Möglichkeit vor, die Erdgaslieferungen der Sowjetunion je nach westdeutschem Bedarf bis auf 80 Milliarden Kubikmeter zu erhöhen.

#### Neuer Erdölfund südlich Bremen

Durch die Pionierbohrung Groß Lessen 2 wurde südlich von Bremen bei Sulingen ein bisher unbekanntes Erdölvorkommen entdeckt. Förderversuche ergaben schwefelarmes Rohöl mit einem spezifischen Gewicht von 0,865 aus dem in rd. 1000 m Tiefe angetroffenen Valendis-Sandstein. Der Ölträger hat eine Mächtigkeit von etwa 40 m. Der Umfang und die Bedeutung der neuentdeckten Erdöllagerstätte kann erst nach den Ergebnissen von Anschlußbohrungen beurteilt werden.

Die Bohrung Groß Lessen 2 wurde nach systematischen Überlegungen der Geologen am Nordrand des Scholener Valendis-Beckens angesetzt, an dessen Südrand bereits früher ergiebige Erdölvorkommen erschlossen worden waren.

#### Erdölleitung Adria – VR Polen

Mit der Projektierung und dem Bau einer 900 km langen Erdölleitung, die vom jugoslawischen Adria-Hafen Bakar durch Ungarn, die ČSSR bis nach Blachonja in Polen führt, soll in Kürze begonnen werden. Die Grundprinzipien der technischen und finanziellen Kooperation sind bereits erarbeitet und werden gegenwärtig detailliert. Ab 1974 sollen jährlich Jugoslawien mit 10 Mill. t, die ČSSR mit 5 Mill. t und Polen und Ungarn je mit 2 Mill. t Erdöl aus dem Nahen Osten beliefert werden.

Die Kosten für den Bau der Adria-Leitung sowie der Hafenanlagen werden 90 Mill. Dollar betragen, die von den vier Ländern zu einem großen Teil durch Arbeitsleistungen sowie durch Warenlieferungen beglichen werden sollen. Ungarn will die Erdöllieferungen aus dem Nahen Osten auch durch Lieferungen von Werkzeugmaschinen, Automaten und anderen Einrichtungen begleichen.

#### Irakische Pipeline zum Mittelmeer

Die Irakische Nationale Erdölgesellschaft (INOC) wird eine Pipeline mit einer Länge von 1140 km von ihrem Ölfeld Nordrumaila in der Nähe von Basra zum Mittelmeer bauen.

Dieses Projekt mit einer jährlichen Kapazität von 50 Mill. t wird zu den bedeutendsten Vorhaben der INOC gezählt. Irak eröffnet sich damit die Möglichkeit, sein Erdöl näher an die europäischen Abnehmer heranzubringen und erhebliche Transportkosten einzusparen.

Die INOC bereitet gegenwärtig den Beginn der Erdölförderung unter nationaler Regie im Jahre 1972 vor. Dazu sind bereits Erdölbohreinrichtungen aus der Sowjetunion eingetroffen, die für Bohrarbeiten in Nordrumaila gebraucht werden. Einige irakische Spezialisten werden gegenwärtig in der Sowjetunion für ihre künftigen Aufgaben in der INOC qualifiziert. Weitere bereiten sich für langfristige Ausbildungskurse vor.

#### Erdgasspeicherung in Großbritannien

Das zur Versorgung Großbritanniens in der Spitzenzeit erforderliche Erdgas soll entweder in flüssiger Form in Spezialbehältern oder in Untertagegasspeichern aufbewahrt werden. In Ambergat wird ein Flüssiggasspeicher mit einer Kapazität gebaut, die ausreicht, um Großbritannien für sechs Stunden zu versorgen. Die Einrichtung eines weiteren Untergrundspeichers bei der Stadt Sarsden in Oxfordshire ist geplant.

#### Ausbeutung der arabischen Staaten

Arabische Politiker haben in Stellungnahmen zur Nahost-Politik der USA festgestellt, daß die Unterstützung für das aggressive Israel besonders dem Ziel dient, Einfluß- und Profilsphären der amerikanischen Finanz- und Industrieunternehmen in der arabischen Welt zu schützen.

Allein der Handel und der Kapitalexport nach den arabischen Ländern im Nahen Osten und in Nordafrika bringen den USA-Monopolen einen jährlichen Profit von weit über 1,5 Mrd. Dollar. Der größte Teil dieser Riesensumme wird aus der Erdölförderung und -verarbeitung auf der arabischen Halbinsel und in Libyen herausgepreßt.

Auf dem Gebiet der Erdölindustrie betreiben die USA durch ihren enormen Kapitalanteil eine doppelte Ausbeutung arabischer Staaten. Das wird dadurch erreicht, daß die ölproduzierenden Länder dazu verpflichtet sind, den weitaus größten Teil ihres eigenen Gewinns aus diesem Wirtschaftszweig zum Kauf amerikanischer Industrieanlagen, Verbrauchsgüter und Luxuserzeugnisse zu verwenden.

#### Erdölförderung in Nigeria

Nach dem Sieg über die Separatisten von Biafra hat die Bundesregierung Nigerias endlich wieder die wirtschaftliche Entwicklung des Landes, die schon 1969 in einem Vierjahrplan fixiert worden ist, aufgenommen. Große Bedeutung wird der Erdölindustrie beigemessen. In diesem Jahr sollen

40 Mill. t Rohöl gefördert werden, 1975 etwa 80 Mill. t und 1980 bereits 120 Mill. t.

Schon 1908 hatte die Nigerian Bitumen Co. 90 km östlich von Lagos mit Erkundungsarbeiten begonnen, die aber bei Ausbruch des ersten Weltkrieges abgebrochen werden mußten. Shell/BP bohrten 1937 weiter, mußten jedoch mit Beginn des zweiten Weltkrieges ebenfalls aufgeben. 1947 und 1955 stießen die Geologen auf das auch heute noch wichtige Feld Oloibiri. Inzwischen ist eine Reihe weiterer Vorkommen entdeckt worden, besonders im Mündungsbereich des Bonny.

Durch die Folgen des Bürgerkrieges ist es heute schwer, die Erdölvorräte Nigerias abzuschätzen. Auf dem Festland und dem Küstenvorland zusammen dürften sich die Ressourcen auf 1,7 Mrd. t belaufen. Das entspricht etwa den Reserven Algeriens. Nigeria rechnet aber damit, daß neuerliche Erkundungsarbeiten zur Entdeckung weiterer Felder führen.

Konzessioniert sind Gesellschaften der verschiedensten Länder. Tonangebend ist die Shell/BP Petroleum Development Co. of Nigeria als ältestes Unternehmen. Förderrechte sicherten sich aber auch die Nigerian Gulf, die American Overseas, die Tennessee-Oil and Gas (alle USA), die italienische AGIP, die französische SAFRAP und andere. Bisher weist nur ein Ölunternehmen nigerianische Beteiligung auf, aber die Regierung hofft, in einigen Jahren selbst als Produzent in Erscheinung treten zu können.

Das nigerianische Erdöl hat einen geringen Schwefelgehalt. Durch die Schließung des Suezkanals ist Nigeria außerdem „näher" an den westeuropäischen Markt herangerückt. Allerdings muß berücksichtigt werden, daß die Produktionskosten verhältnismäßig hoch sind, z. B. achtmal höher als im Irak. Andererseits machen sie aber nur ein Fünftel der in Texas pro t Erdöl entstehenden Kosten aus.

#### Erdölförderung Burmas

Burmas jährliche Erdölförderung hat jetzt die Millionen-Tonnen-Grenze erreicht. Seit der Machtübernahme durch den Revolutionären Rat im Jahre 1962 wurden beträchtliche Mittel in diesen Industriezweig investiert, die zur erfolgreichen Erkundung und Erschließung mehrerer neuer Erdölfelder in Mittelburma führten. So werden neben den bereits früher bestehenden Feldern in Chauk und Yenangyaung jetzt auch in Prome, Myanaun und Shwe Pyi Tha Erdöl gefördert.

Entsprechend einem Regierungsprogramm werden zur Zeit weitere höffige Gebiete, darunter auch in den Schelfgebieten Burmas, erkundet und für die Förderung erschlossen. Bisher mußte die Union von Burma Erdöl importieren; man rechnet jedoch damit, daß in absehbarer Zeit der Landesbedarf aus eigener Produktion voll gedeckt und sogar Erdöl exportiert werden kann.

#### Uranerkundung in der Syrischen Arabischen Republik

Auf Grund von Erkundungsarbeiten erhöhten sich 1967 in der Syrischen Arabischen Republik die vorhandenen Gesamtvorräte an $U_3O_8$ um rd. 14000 t. Es handelt sich um zwei Lagerstätten, eine mit 5,5 Mill. t Uranerz (0,6% $U_3O_8$) sowie geringem Goldgehalt (rd. 8400 t Konzentrat $U_3O_8$) und eine andere mit 9 Mill. t Erz (0,06% $U_3O_8$) bei erhöhtem Goldgehalt (rd. 1800 t $U_3O_8$ Konzentrat).

#### Nickel in Westaustralien

In Kuinan (Westaustralien) wird 1971 ein Werk für die Verarbeitung von Erzen aus der Lagerstätte Kambolda mit 15000 t Nickel pro Jahr angefahren werden. Für diesen Hüttenbetrieb sollen bis 1975 die Erkundungsarbeiten auf der Fläche Saint-Ives, wo bereits hochwertige Nickelerze entdeckt wurden, fortgesetzt werden.

#### Erhöhung der ungarischen Bauxitförderung

Die Bauxitgrube Halimba 3 in Westungarn förderte 1969 200000 t Bauxit. Nach Abschluß der Rekonstruktion wird diese Grube ab 1972 jährlich 600000 t Bauxit liefern.

Zu den Maßnahmen, die eine weitere sprunghafte Erhöhung der Produktion bezwecken, gehören die Erschließung neuer Gruben sowie der Ausbau und der Zusammenschluß mehrerer alter Gruben. Die Bauxitgruben im Bakony-Gebirge sollen 1975 1,9 Mill. t fördern, während die Jahresproduktion der im Komitat Fejér gelegenen Gruben bis 1975 auf 880000 t Bauxit steigen soll.

Parallel zu der Steigerung der Förderleistungen werden auch umfassende geologische Erkundungsarbeiten durchgeführt. Besonders im Raum von Halimba und Fenyöfö wurden größere Bauxitvorräte festgestellt.

Eine Schwerpunktinvestition Ungarns zur Realisierung des ungarisch-sowjetischen Tonerde-Aluminium-Abkommens ist der Bau der neuen Tonerdefabrik Ajka II. Die erste Stufe dieses mit 2 Mrd. Forint veranschlagten Betriebes wird voraussichtlich schon 1971 die Produktion beginnen. Der neue Betrieb wird ab 1972 jährlich 240000 t Tonerde herstellen.

In einem anderen großen Bauxitverarbeitungsbetrieb — in der Tonerdefabrik von Almásfüzitö — wird in diesem Jahr der 1962 begonnene großangelegte Ausbau beendet. Hier wird man 250000 t Tonerde erzeugen — das sind fast 57% der ungarischen Tonerdeproduktion.

#### Steigerung der Goldproduktion in Usbekistan

Zu einem großen Zentrum der Goldförderung ist die mittelasiatische Wüste Kysyl-Kum in Sowjetusbekistan geworden. Inmitten von Sand sind in der Landschaft Muruntau ein leistungsstarker Tagebau für Erzförderung und eine Aufbereitungsfabrik sowie Wohnhäuser, eine Eisenbahnlinie, Strom- und Wasserversorgungsanlagen in nur 26 Monaten errichtet worden. Der Tagebau arbeitet bereits mit voller Kapazität.

Die in der Wüste Kysyl-Kum entdeckten goldhaltigen Lagerstätten sind so reich, daß unweit von Muruntau bereits der Platz für eine zweite Aufbereitungsanlage ausgewählt wurde. Weitere Lagerstätten sind auch in anderen Gebieten Usbekistans festgestellt worden, wo sich ebenfalls Bergwerke und Fabriken im Bau befinden. Neben Sibirien und dem Fernen Osten wird die Usbekische SSSR zu einem führenden sowjetischen Gebiet der Förderung dieses Edelmetalls.

#### Neue Goldlager in Südafrika

Große, bisher unbekannte Goldvorkommen sind von südafrikanischen Geologen in der Nähe von Johannesburg nach zehnjähriger Forschungsarbeit festgestellt worden. Nach Mitteilungen von D. A. PRETORIUS liegen die Goldvorkommen in einer Tiefe von 1700—3000 m zwischen den Orten Welkom und Evander. Ihr Wert wird auf ca. 1 Mrd. Dollar geschätzt.

#### Forschungsplan bis 1985

Einen perspektivischen Forschungsplan bis 1985 arbeitet gegenwärtig die Ungarische Akademie der Wissenschaften aus. In enger Wechselwirkung zum Perspektivplan der Volkswirtschaft wird er auf die Grundlagenforschung solcher Wissenschaftszweige orientiert, in denen die Ungarische Volksrepublik international mitbestimmend ist oder zu einer Spitzenposition gelangen kann.

#### Gesamtzahl der Kernreaktoren

Ende 1969 zählte man auf der Welt 479 Kernreaktoren. 105 davon, die sich in 15 Ländern befinden, sind Anlagen zur Energieerzeugung und produzieren zusammen rd. 20000 Megawatt. Die übrigen 374 Reaktoren, die sich auf 48 Länder verteilen, werden zu Forschungs- und Lehrzwecken verwandt. Nach den jetzt vorliegenden Projekten werden bis 1975 in 20 Ländern insgesamt 203 Atomkraftwerke mit einer Gesamtleistung von rd. 130000 Megawatt in Betrieb sein.

#### Jugoslawische Kraftwerke im Bau

14 Kraftwerke werden gegenwärtig in der SFR Jugoslawien gebaut. Da Jugoslawien über große Wasserkraftreserven verfügt, sind etwa die Hälfte davon leistungsstarke Wasserkraftwerke. Zu ihnen gehört das künftig größte Werk dieser Art in Jugoslawien „Djerdap" am Eisernen Tor mit

einer vorgesehenen Leistung von 1026 MW. Es soll noch in diesem Jahr den ersten Strom liefern.

Bis 1980 werden weitere Kraftwerke errichtet und bis zu diesem Zeitpunkt insgesamt 40 Mrd. Kilowattstunden Strom erzeugt.

**Stereomikroinfraskop**

Das in der VR Polen entwickelte Gerät für räumliche Beobachtungen in durchfallenden und widergespiegelten Infrarotstrahlen mit der kleinen Vergrößerung vom 5- bis zum 30fachen — das Stereomikroinfraskop — kann auf vielen Gebieten der Wissenschaft und Technik eingesetzt werden: in der Archäologie und Paläontologie (Bestimmung der Authentizität von Ausgrabungen und Untersuchung der Überreste von Fossilien), in der Chemie (Untersuchung von Chromatogrammen), in der Metallographie, der Kristallographie, der Petrographie, der Mineralogie usw. Das Stereomikroinfraskop gestattet, von der recht komplizierten und teuren Methode der Infrarotphotographie abzugehen.

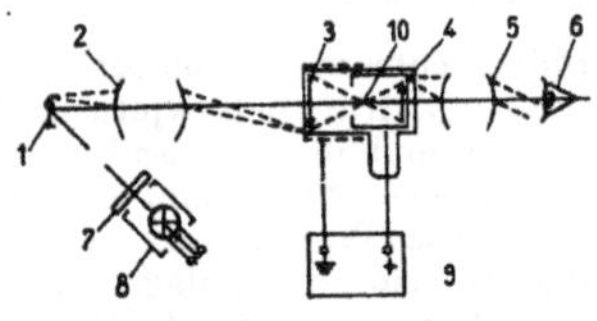


Abb. 1. Schema des Mikroskopsystems

1 — Objekt, 2 — Objektiv, 3 — Abbildung des Objekts auf der Photokatode des Bildwandlers, 4 — Abbildung des Objekts auf dem Leuchtschirm, 5 — Okular, 6 — Auge des Beobachters, 7 — Filter, 8 — Lichtquelle, 9 — Stromversorgungsgerät für den Bildwandler, 10 — Bahnen der Elektronen

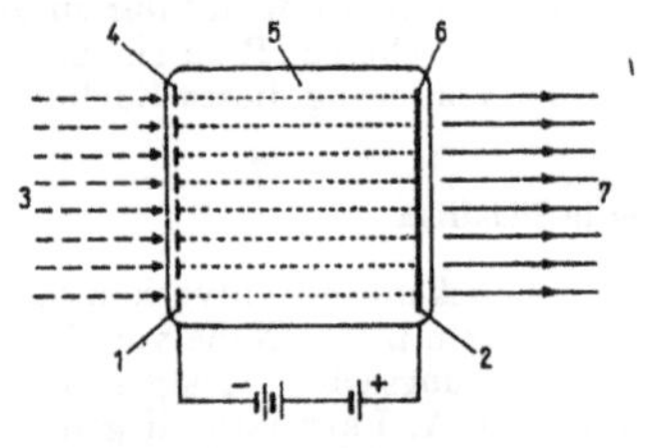


Abb. 2. Schema des elektronisch-optischen Bildwandlers

1 — Photokatode, 2 — mit Leuchtstoff bedeckte Anode, 3 — Infrarotstrahlung, 4 — unsichtbare Abbildung, 5 — Glaszylinder mit einem $10^{-6}$ mm Hg-Vakuum, 6 — sichtbares Bild, 7 — sichtbare Strahlung

**Schnelle Steigerung der Energiewirtschaft der MVR**

Neue Elektrizitätswerke mit einer Leistung von insgesamt 70000 Kilowatt werden in der Mongolischen Volksrepublik noch in diesem Jahr angefahren. Es ist vorgesehen, die Produktion von Elektroenergie gegenüber dem Vorjahr um 12,2% zu erhöhen. Damit gehört die Energiewirtschaft zu den Zweigen mit dem höchsten Wachstumstempo.

Für die Entwicklung einer festen Energiebasis werden jährlich etwa 25% aller für die Industrie geplanten Investitionen bereitgestellt. Während vor der Volksrevolution 1921 das Kraftwerk Ulan-Bator (damals Urga) mit einer Leistung von 60 Kilowatt die einzige Stromquelle darstellte, kommen heute auf einen Arbeiter in der Industrie und im Bauwesen jährlich 2450 Kilowattstunden. Einen bedeutenden Beitrag zur weiteren Entwicklung des Energienetzes in der MVR stellt der 1969 abgeschlossene Bau der ersten Hochspannungsleitung des Landes dar, die die Städte Suche-Bator, Darchan und Ulan-Bator verbindet.

**Pedologische Karte Europas**

Rumänische Fachleute halfen bei der Ausarbeitung einer Karte über die salz- und alkalihaltigen Böden Europas, die von der Internationalen Gesellschaft für Bodenkunde angeregt wurde und Teil einer Weltkarte werden soll. Auf Vorschlag rumänischer Wissenschaftler wurde beschlossen, auf dieser Karte auch sekundär-salzhaltige Böden und Territorien mit Versalzungspotential, die sich in Europa über große Flächen ausbreiten, anzugeben.

**Tuffgestein filtriert Wasser**

Armenische Wissenschaftler entdeckten eine neue Eigenschaft des vulkanischen Tuffgesteins, das gewöhnlich als Baumaterial verwendet wird. Demnach können die Tuffgesteine den bisher für Filteranlagen benutzten Sand nicht nur ersetzen, sondern ihn in seinen typischen Eigenschaften sogar übertreffen. Die Reinigung des Wassers durch feine vulkanische Tuffe ist sehr viel effektiver, so daß sich die Leistungsfähigkeit der Filteranlagen erheblich verbessern läßt.

**Helium als Wärmetransportmittel**

Heißes Helium als Wärmetransportmittel soll ermöglichen, die Vergasung von Stein- und Braunkohle mit einem vertretbaren wirtschaftlichen Aufwand vorzunehmen.

Gegenwärtig wird in Westdeutschland ein Untersuchungsprogramm ausgearbeitet, um fünf verschiedene Vergasungsverfahren mit einem speziellen Hochtemperaturreaktor, der das heiße Helium liefern soll, zu erproben.

# Kurznachrichten

Der Minister für Außenhandel der UdSSR, N. S. Patolitschew, informierte Anfang Februar 1970 in Berlin den Vorsitzenden des Ministerrats, Willi Stoph, über die Vorbereitungen, die in der UdSSR zur geplanten wesentlichen Erhöhung der Erdöl- und **Erdgaslieferungen** an die **DDR** sowie für den Bau der Erdgasleitung getroffen werden.

In Arlesried, nordöstlich von Memmingen in **Bayern**, begann jetzt die **Erdgasförderung** aus zwei Bohrungen, die 1967 in 2000 m Teufe im Dogger beta und im Stubbensandstein des Keupers fündig wurden.

1975 sollen in den **Niederlanden** rd. 70% aller angeschlossenen Wohnungen für die Raumheizung **Erdgas** verwenden und 50% des Energiebedarfes der niederländischen Kraftwerke durch Erdgas gedeckt werden.

Die Zeche Peißenberg bei Weilheim soll als letztes **bayrisches Pechkohlenbergwerk** Ende März 1972 stillgelegt werden. Das Werk, das im Vorjahr 835000 t Kohle förderte, beschäftigt 2000 Arbeiter und Angestellte.

Die **Niederlande** werden von 1975 an keine **Kohle** mehr fördern. Bis zu diesem Zeitpunkt sollen auch die restlichen Zechen im holländischen Kohlerevier von Südlimburg still gelegt sein.

Während der Anteil der **Kohle** am Energieverbrauch **Belgiens** 1950/54 noch 86% betrug, ging er 1968 auf 44,5% und 1969 auf 40% zurück.

Das **Eisenerzfeld** Moncorvu in **Portugal**, 20 km vor der spanischen Grenze, besitzt erkundete Vorräte von 200 Mill. t Hämatiterzen mit Gehalten von 39—42% Fe, 22—31% Si und 0,3—0,4% P.

Ungarische Wissenschaftler des Magnesitwerks **Budapest** haben ein Verfahren zur Herstellung von reinem synthetischem **Magnesit** entwickelt. Die wichtigsten Rohstoffe für das Verfahren sind $H_2CO_3$, Erdgas und Dolomit. Obwohl die theoretischen Fragen auf diesem Gebiet bereits auch im Ausland bekannt waren, konnte ein Verfahren für die industrielle Produktion bisher noch in keinem Land ausgearbeitet werden.

Niederländische Geologen haben in der Provinz **Groningen** eines der größten **Kalium- und Magnesiumsalzlager** der Welt entdeckt. Die Vorräte werden auf mindestens 300 Mill. t Kaliumchlorid und 100 Mill. t Magnesium geschätzt.

## In den nächsten Heften

der

# Zeitschrift für angewandte Geologie

erscheinen u. a. folgende Beiträge

T. KAEMMEL, M. SCHWAB & H. J. SEYDEWITZ: Mineralogische Untersuchungen an Kalifeldspäten der rhyolithischen Gesteine von Schwerz
Ein Beitrag zur Diskussion um die Endomorphose der Halleschen Porphyre

A. HEYNKE & G. ZÄNKER: Zur Ausbildung und Leitbankgliederung des Staßfurtsteinsalzes im Südharzkalirevier

I. BURCHARDT: Zur Minerogenie der Manganakkumulationen in unterkarbonischen Kieselschiefern am Elbingeröder Komplex (Harz)

E. KÜNSTNER: Inkohlungsuntersuchungen und geothermische Betrachtungen am Beispiel des Oberkarbons im Erzgebirgischen Becken unter besonderer Berücksichtigung des Reflexionsvermögens der Flözvitrinite

J. N. BELEWZEW: Die Entstehung erzbildender Lösungen

E. T. SCHATALOW: Vorschläge zur Bezeichnung und Definition erzführender Flächen

W. P. PETROW & N. I. SERGEJEW: Über Pechsteinvorkommen in der Umgebung von Meißen

W. F. NIKONOW: Gesetzmäßigkeiten der Verbreitung von Helium und heliumhaltigen Gasen in den Sedimentkomplexen der Erdkruste

F. I. KOTJACHOW u. a.: Die Speichereigenschaften der karbonatischen Gesteine des Woronesh-Horizonts auf der Erdöllagerstätte Retschiza

C. CZERWINSKI: Eine spektrochemische Schnellmethode zur Bestimmung von Spurenelementen in Gesteins- und Bodenproben für die geochemische Prospektion

K. F. BUSCH, D. PEUKERT & L. LUCKNER: Informationsverarbeitende Systeme in der Grundwasserhydraulik

J. A. IWANOW: Die Perspektiven der Erdöl- und Erdgashöffigkeit des Subsalinars im Nordosten der Kaspisenke

G. JANKOWSKI & G. MEYER: Zu einigen Problemen der rationellen Lagerstättennutzung im Kupferschieferbergbau




Herausgeber: Zentrales Geologisches Institut im Auftrag des Staatssekretariats für Geologie beim Ministerrat der Deutschen Demokratischen Republik. Für die kollektive Chefredaktion: Dr. K. KAUTER (Redaktionssekretär), Berlin. Redaktion: 1054 Berlin, Zionskirchstraße 34 (Fernsprecher 426001). Verlag: Akademie-Verlag GmbH, 108 Berlin, Leipziger Straße 3–4 (Fernsprecher 220441, Telex 0112020, Postscheckkonto: Berlin 35021). Bestellnummer des Heftes 1047/16/6. Alleinige Anzeigenannahme DEWAG-WERBUNG, 102 Berlin, Rosenthaler Str. 28–31, und alle DEWAG-Betriebe in den Bezirksstädten der DDR. Die „Zeitschrift für angewandte Geologie" erscheint monatlich, Exportpreis: M 6,–, Sonderpreis für die DDR: M 2,– je Heft. – Satz und Druck: VEB Druckhaus „Maxim Gorki", 74 Altenburg. Veröffentlicht unter der Lizenznummer 1279 des Presseamtes beim Vorsitzenden des Ministerrates der Deutschen Demokratischen Republik, Kartengenehmigung Nr. 257/70 und 396/70.

Bei Fragen zur Produktsicherheit wenden Sie sich bitte an:
If you have any questions regarding product safety,
please contact:

Walter de Gruyter GmbH
Genthiner Straße 13
10785 Berlin
productsafety@degruyterbrill.com